生活因阅读而精彩

生活因阅读而精彩

20岁后，
拿什么与别人
拉开距离

凡志喜◎编著

中国华侨出版社

图书在版编目(CIP)数据

20 岁后，拿什么与别人拉开距离？/ 凡志喜编著.
—北京：中国华侨出版社，2011.10

ISBN 978-7-5113-1761-2

Ⅰ.①2… Ⅱ.①凡… Ⅲ.①人生哲学–青年读物
Ⅳ.①B821-49

中国版本图书馆 CIP 数据核字(2011)第 193430 号

20 岁后，拿什么与别人拉开距离？

编　　著 / 凡志喜

责任编辑 / 梁　谋

责任校对 / 孙　丽

经　　销 / 新华书店

开　　本 / 787×1092 毫米　1/16 开　印张/17　字数/289 千字

印　　刷 / 北京建泰印刷有限公司

版　　次 / 2011 年 11 月第 1 版　2011 年 11 月第 1 次印刷

书　　号 / ISBN 978-7-5113-1761-2

定　　价 / 29.80 元

中国华侨出版社　北京市朝阳区静安里 26 号通成达大厦 3 层　邮编:100028

法律顾问:陈鹰律师事务所

编辑部:(010)64443056　　64443979

发行部:(010)64443051　　传真:(010)64439708

网址:www.oveaschin.com

E-mail:oveaschin@sina.com

前言

20 岁，是一个追梦的年纪，一个敢想敢干的年纪；20 岁，怀揣再多的期待也不过分，可以天天奔忙，四处游荡；20 岁，可以自豪地冲锋陷阵，指点江山；20 岁，大声将爱说出口……这种种的一切，正在向世界证明，我们有梦想，我们在追求。我们可以自豪地告诉世界：这年，我们 20 岁。

你可以像野草般任意生长，然后在岁月的洗礼中枯萎，也可以像一棵迎风招展的小树，最终成为栋梁之材。如果你不知如何去把握自己，那么可以想一下 10 年、20 年后的自己是什么样子的？是否还在为房子发愁？是否还在为爱情担忧？还是事业有成、家庭和睦、生活富足？

当我们回首 10 年前的自己，那时候的童真、单纯、幼稚历历在目，然后我们会笑当年的自己是多么幼稚；假想当 10 年、20 年后回首，我们是否还会笑 20 岁的自己没有好好努力、让幸福从身边溜走？

我们无法想象那个时候的我们究竟会是一番什么样的光景？然而那时候的你却能清晰地看到此时的你，能够嗅得出一路走来的艰辛与幸福，能够看得清深深浅浅的脚印里承载的悲欢离合、沧海桑田。

在一个穿越时光的故事里，年轻的主人翁叫王凯，那年他 20 岁。终日

浑浑噩噩、频繁跳槽，一次偶然的机会他和 57 岁的自己相遇，共度了一个下午的时光。57 岁的主人翁穿着破旧的衣服，蜷缩在屋子的角落里自言自语："你终于来了，记住，我就是你，你能活到 57 岁呢。"之后，他如梦初醒。他的生活也将会发生巨大的变化……

不要让"我要是有钱……""早知道这样，我就……"成为我们日后的锥心之痛。用成熟的思想认识和正确的态度来对人生进行一个合理的规划，那么，在通往成功的道路上就能够走得更坚定。

"明日复明日，明日何其多？我生待明日，万事成蹉跎。世人苦被明日累，春去秋来老将至。朝看水东流，暮看日西坠……"

不管是年轻还是衰老，流逝的时光都不会重来，你可以把握的，是稍纵即逝的每个当下。重新审视自己的 20 岁，找到最真实的自己、最宝贵的精神和最应该坚持的信念，以反观现实的生活，获得沉淀的潜能。如果你早已经过了 20 岁的年龄，那么就让年轻时的经验或教训成为自己以后生活道路的警示牌，让自己在以后少走一些弯路。

如果你现在一事无成，你就更应该努力！

《20 岁后，拿什么与别人拉开距离？》这本书将作者自己的生活经验和其他人的一些小故事结合起来，真诚地告诉 20 岁的年轻人应该做些什么，不应做些什么，哪些是该珍惜的，哪些是该放弃的，哪些值得去为之挥洒热情和汗水。事实上，20 岁，它更多地象征着你的黄金时代，它连接着过去、现在和未来！

永不落伍的学习力

——现在会什么不重要，关键是你学什么

人生就是一个积累的过程。有人用时间积累财富，有人用生命换取荣誉，但是不管怎么样，一个人在年轻的时候，如果不懂得储备，那就是在挥霍自己有限的青春，等到时光流逝，满头白发，留下的只是无尽的悔恨和遗憾。年轻不一定就能够和"有为"挂钩，只有那些抓住每一个学习机会，努力进取的人，才能积蓄厚积薄发的能量。

融入世界的适应力

——你去适应世界，还是世界适应你

> 职场上通常把80后的年轻人称作"草莓族"，顾名思义就是表面光鲜亮丽，但是怕压怕碰，承受不了挫折，不善于团结合作，缺少足够的主动性和积极性。并且在选择工作的时候，也常常会因为种种原因见异思迁。每个人都曾经历过刚入职场的青涩，但是要想更好地适应社会的发展，就不能将这样的时期无限制地拉长，给自己一个目标，一个方向，朝着它迈进，努力将自己打造成一名优秀的专业人士，实现自己的价值。

决定命运的规划力

——用对自己负责的态度来规划未来

> 有句话说，求其上得其中，求其中者则得其下。这个"上中下"说到底就是一个标准、一个目标。目标，就如在茫茫大海中的一座灯塔，可以为你指引航向。为自己的人生立定目标的人，往往会对人生有一个很好的规划。目标的作用不仅仅是激励你朝着目标勇往直前地奔跑，更重要的是，目标使你的行进更加充实和有意义。

改变格局的抉择力

——人生的决定,别让别人帮你做

有些年轻人会认为成功是因为有好机遇,是上天的赐予。其实机会是一个悬在半空的金苹果,你不跳起来去摘,它不可能正好落进你的篮子里。

面对生活中出现的种种机会,你应该努力注前站,勇敢地接受机会的挑战。这小小的一步,加起来就是你的一生,而生活中失意者与成功者的分界,也正在于此。

委以重任的担当力

——没有担当的勇气，成功只是运气

> 责任之于灵魂，犹如雨露之于鲜花。缺少责任的灵魂就像是没有雨露滋润的鲜花，会很快走向衰颓和干枯。不要总想着为自己找借口、找理由，尽职尽责地做好分内的事情，勇敢地承担起那些该承担的。唯有如此，你才可以通过现实生活的磨砺，得到更多的信赖。

圆融处世的社交力

——做人好不好，往往决定事情顺不顺

> 人与人之间的交往，需要包容和耐心。这些就像是人际交往的润滑剂，能够缓和或者化解彼此之间尖锐的矛盾。人生在世，总能碰到不顺心的人和事，这是再正常不过的现象，只要你对他人多一份体谅，心中就能多一份安宁，同时也更容易获得融洽的人际关系。

事半功倍的求助力

——很多事不由你唱独角戏,要学会合作

人作为社会的一员,想过那种与世隔绝、万事不求人的生活是很难的。要想获得成功,除了自身的努力,还需要别人的帮助。在别人危难的时候,我们伸出手做一些力所能及的事,说不定就能帮他渡过难关。同样,假若我们自身也遇到这样的事情呢?在必要的时候学会向别人求助,借助外部的力量壮大自己,不失为一种明智的选择。要善假于物,往往会无往而不利。

聪明智慧的妥协力
——什么时候懂得了妥协,才会有所得到

在如今这样多变的社会,是需要讲究策略的,就像是你面前站着一个高大威猛的敌人,如果硬拼,那么无疑于是以卵击石,如果转换一下思路,就能减少这无谓的牺牲。遭遇不顺是必然的,但是要懂得变通之道,不要非等到事情已成定局方明白自己的方向出了问题。适时调整,或许前面就会柳暗花明。

开源节流的理财力
——树立正确的理财观,理智支配金钱

金钱,是财富的一种象证和符号。然而,古注今来,奔着它去,又将自己的前途葬送在它的脚下的人和事数不胜数。钱,不是越多越好。只有树立正确的观念,才能让钱更好地为自己服务,而不是甘当金钱的奴隶。

和谐幸福的婚恋力

——别轻易爱上谁，也别轻易放弃谁

人生没有彩排，你一次演不好，还可以继续排练，一直到万无一失的时候，再闪亮登场。很多人在不懂爱情的时候恋爱，不懂婚姻的时候义无反顾地踏进围城。纵然可以给你机会让你试演，但是短暂的人生又能经得起你几番折腾？一段幸福的婚姻，不仅仅需要爱情，更需要责任。只有两者并重，方能持久。

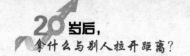

永葆活力的健康力

——别等到花钱买健康时才意识到生命可贵

身体是革命的本钱,这句老生常谈的话,却是永恒的真理。心有余而力不足,这个力不但适用于能力,同样也适用于体力。爱护自己的身体,就像是擦拭一台崭新而心爱的机器一样,年轻的时候不要透支健康,因为健康本身就是一笔巨大的资产。

温暖一生的亲情力

——你不经意间伤害的,往往是最关心自己的人

有句话说,"爱有多深,恨就会有多深","爱得越深,伤得越重"。爱情如此,亲情也一样。在旁人看来你的一句无关紧要的话在亲人那里或许会痛上一百倍一千倍,很多时候,我们最容易伤害的注注是那些最关心我们的人。学会对亲人体贴和体谅,对20岁的年轻人是一堂极为重要的人生之课。

锤炼自我的自省力

——学会自省才能升华，习惯自省才能超越

> 不要总是等到"事已至此，无力回天"的时候，才发出"早知现在，何必当初"的感叹。那些注定会后悔的事情，从一开始就应该尽力避免。亡羊补牢虽然可以让你减少损失，但绝对不是最佳的选择，事后补救远远不如当初就做对。

永不落伍的学习力
——现在会什么不重要,关键是你学什么

人生就是一个积累的过程。有人用时间积累财富,有人用生命换取荣誉,但是不管怎么样,一个人在年轻的时候,如果不懂得储备,那就是在挥霍自己有限的青春,等到时光流逝,满头白发,留下的只是无尽的悔恨和遗憾。年轻不一定就能够和"有为"挂钩,只有那些抓住每一个学习机会,努力进取的人,才能积蓄厚积薄发的能量。

珍惜学习的机会,知识改变命运

有人说,知识就是力量,知识可以改变命运。这句话不知道激励了多少人从无知走向伟大,从贫穷走向了富有。在知识经济时代,通过教育提高了个人素质,并以此改变了命运的例子为数不少。

有一个叫丁晓的川妹子,1976年出生于成都金堂县普通农民家庭。因为家里贫困,初中毕业后,她便辍学打工供弟弟读书。

在亲戚的安排下,她进入一所高中学校食堂打杂。出于对知识的渴望,她买了高中课本,一有空便跑到高中教室去听课,她对英语课特别感兴趣。就这样在漫长的偷偷听课的近十年内,她以别人想象不到的刻苦和毅力,坚实地提高了自己的英语水平。

2001年,为了提高厨艺,拓展自己的就业空间,她报名参加了一个厨师培训班,经过半年的学习,她以第一名的成绩拿到了厨师等级证书。此时,她发现了一个千载难逢的机会,美国一家公司正在成都招聘服务人员。条件是高中以上文化,懂简单的英语。虽然她没有高中文凭,但她自信通过多年的自学,已经具备了高中文化水平。结果,在面试时,她凭着流利的英语口语,在众多的报名者中脱颖而出,被破格录取。

能够去美国工作,这是很多人的梦想。当然,到了美国也不等于就到了天堂,幸运的是,英语和厨艺就是丁晓的护身符。她以后在工作中虽然也经历了一些波折,但她最终进入白宫,成为行政办公室正式的接待人员。

当年在食堂打杂的丁晓与白宫的工作人员丁晓,已经有了脱胎换骨式的变化,这一切全赖于她当初明智的选择。对于有心人,"知识"的门槛并不高,在它身上投资了时间精力的人一般都可以得到丰厚的回报。

爱默生说:"只要有所事事,有所追求,人就把握住了机运的车轮。"如果丁晓当时轻易就放弃了学习的机会,或许一辈子都不太可能走出落后的乡村。正是她的积极努力和刻苦学习终于让生活出现了转机,不但实现了自己的愿望,也可以用更为坚实的臂膀为家乡服务,回报乡里。

罗兰有句名言:"苦难是成功途中的考验。懦弱的人必然在苦难之下被淘汰,只有坚强的人才会走完自己认真想的路程。"

誉满九州的大画家齐白石幼年就热爱学习,但是因为家里需要劳动力,才读了一年就不得不辍学在家,帮助父亲放牛、砍柴。他在劳动之余,对画画和写字都有着浓厚的兴趣。但是因为家境贫寒,他只能把旧簿上的纸裁下来作为画画和写字的用纸。他放牛的时候,总是把书本挂在牛角上,一边放牛,一边读书。当他12岁的时候,他的父亲送他到木匠那里去当学徒。15岁以后,才转学雕花木工,雕刻家具上的精细花纹。这时他白天做工,晚间则用松火照明学画。齐白石学了12年木工,也练了12年画,为了找花样,他临摹《芥子园画谱》,并学习对实物写生,直到27岁的时候,他才认识了当地有名的文人和画师胡沁园、陈之蕃两位先生,并经常向他们请教。从此,他走上了绘画的艺术道路,成为颇有造诣的著名画家。

正是这种不放弃任何学习机会的精神,使齐白石从木匠到画家,完成了向更高成就的飞跃。

在我们周围其实有很多的寒门学子,他们用自己的坚强和毅力不屈不挠地打造着属于自己的一片天。

或许你此刻正处于困顿和不幸之中,或许你的家庭正面临着严峻的困难,但不要放弃对生活的憧憬,要坚信一切都会好起来。用你的努力去获取知识,你将汲取到无尽的力量,这必定会促使你走向人生的成功。

学习并非一定要去学校里接受教育,获取知识的途径也是多种多样的。如

果条件不允许，靠自己的努力自学，也能在某一领域做出成绩，取得成就。能学习的时候，一定要努力学习，不能学习的时候创造条件也要学。相信知识改变命运，勤奋成就未来。"勤能补拙是良训，一分辛苦一分财。"柴可夫斯基说："即使一个人天分很高，如果他不艰苦操劳，他不仅不会做出伟大的事业，就是平凡的成绩也不可能得到。"

综观古今中外，无论是有建树的学者，抑或平民百姓，在其成功的扉页上，无不记载着"知识改变命运，勤学成就未来"的事实。在充满诱惑和处处浮躁的时代，如果真的想有所成就和收获，就应当静下心来，珍惜学习的机会，让勤奋和知识来为自己敲响成功的大门。

技艺是生存手段，知识是上升空间

"知识就是力量"，知识可以让一个人变得高尚，可以让人收获财富，可以帮助你冲破重重困境，让你的生活充满阳光，最终走向成功的大门。学习不仅是提升自我的需要，更是社会发展的需要，能让你跟上时代发展的步伐，不至于被淘汰。

而技艺则是一种生存手段，你看田间的农人，他们用自己的双手辛勤地劳作着，就算目不识丁，但仍然可以让自己生活得更好。有这样一则小故事，更能说明问题：

一位知识渊博的学者，与一位目不识丁的船夫一起乘船过河。学者轻蔑地问船夫："你懂得历史吗？"船夫摇摇头说道："不懂。""那你就失去了生命的一半。"学者嘲讽地说道。"那你懂得数学吗？""不懂。"船夫又摇了摇头，脸涨得通红。学者鄙视地一笑说道："那你就失去了一半以上的生命。"就在这时，一阵风浪袭来，船翻了，两个人都掉进了水里。船夫与学者在水中不停挣扎，船夫凭着高超的游泳技能抓住了一块木板，他喘息着问学者："你会游泳吗?""不——不会!"学者狼狈地答道。船夫说："那你将失去整个生命!"

不同的人看这个故事，会有不同的观点，从不同的角度去看，就会得出不同的结论。但我们没有必要去争论知识和技能之间究竟孰轻孰重，也许没有人真正能够分得清楚。你完全可以根据自己的现实需要，给自己以亟须的补给。

在一场车祸中，王师傅的妻子不幸去世了，王师傅独自一人抚养两个正读大学的孩子。"屋漏偏逢连夜雨"，不久，王师傅又失业了。本来幸福的家庭一瞬间沉入了低谷。没有了工作就等于没有了经济来源，没了生活的保障。失去亲人的痛苦和失去工作的打击包围着王师傅。谁能保证四十就能不惑?已过不惑之年的王师傅陷入了揪心的矛盾和无助之中。觉得整个天空都变了颜色，看不到一点光亮。后来一个去看望他的朋友说："你不是会雕刻吗?"真是一语惊醒梦中人。当时雕刻品在市场上很受青睐，有着很好的发展前景。

沉浸在痛苦中的王师傅差点忘记了自己身上还有这样的技艺。他从小就喜欢雕刻艺术，也看过这方面的书，但是家里穷，初中没毕业就进厂干活了。如今生活又把他逼到了绝路，他决定破釜沉舟。经过短暂的调整之后，他告诉自己要走上一条独立创业的道路。

于是，他变卖了妻子生前的首饰，去参加了一个短期的专业培训班。他把积压的渴望、痛苦、失意都用在了对雕刻技能的学习钻研上。兴趣的确是最好的老师。王师傅真心地喜欢这一行，又加上他对雕刻的悟性，很快自己就可以独当一面了。他将家里的房子稍微改动了一下，成了临时的办公地点。自己联系客户，帮他们加工各种雕刻品。他凭着精益求精的态度和精心雕琢的技艺，取得了不少客户的信任。然而过了不久，他就发现周围也有一些人看这行比较赚钱也都纷纷投身进来。由于受自身文化水平和知识积淀的限制，他的作品也只能停留在某个阶段，而很难再有大的提高。但是，那些刚入行的人由于凭借

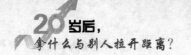

着丰厚的专业知识和技能很快就将王师傅的利润空间挤压得越来越小。

他那个时候才真正明白，懂得一种技能固然很好，但是如果缺乏深厚的知识，就很难再有突破。雕刻是种艺术，需要技巧，也需要灵感和创意，由于每个人接受教育程度的不同或者自身所拥有知识的限制，这种抽象的东西就很难转化为令人满意的财富，你的人生价值原本可以更高，但正是因为知识不够，才会遭遇无法突破的瓶颈。

现在社会，可以时不时地听到"读书无用论"的声音。谁谁小学毕业，年纪轻轻就有房有车，某某大学毕业，品学兼优，却在街道上辛苦地摆地摊，起早贪黑地忙活也只能略有盈余。我们不否认，这样的现象的确存在，但也不能就此将知识的力量打折。

有些人正是受了那些不良观念的影响，早早地退了学，因为他们坚信，交点钱学习一门技艺也可以走遍天下。这样的人"勇气可嘉"，但他的种种美好的愿望则很有可能"无疾而终"。就像前几年，学习电脑打字很吃香，这样的培训学校或者培训班也如雨后春笋般相继出现，因为大家都一致认为，教这个，学这个都有赚头。于是，很多只要认识中国汉字的人都纷纷去学习，就算你不知道这个字怎么读，还可以用五笔输入。大家就像是在赶潮流一样争相加入。当然，这其中也的确有很多人因此而受了益。但是，随着时间的推移和社会的进步，不少当初的打字能手要想再进一步深入地前进却是相当地困难。因为，当市场需求发出软件开发或者程序设计的信号的时候，只有那些具有一定深度相关知识的人才能更好地进修深造，进而成才成功。

且不说在同一领域中发展，就是各行各业，当你拥有了一定知识水平的时候，对你学习某种技艺也是一种很大程度上的帮助。

时代需要真正的人才，而这种人才是学者与船夫的统一体。既不能抛弃知识，也不能轻视能力，这样，方能将未来牢牢地抓在自己的手中。但是请别忘记，如果可以，请先学习知识，再考虑学习技艺。知识可以内化为经验，为你保驾护航，为你的人生大厦增砖添瓦。

不盲目追求热点，学习从自己的兴趣和特长入手

法国科学家亨利·法布尔曾经做过一个松毛虫实验。他把若干松毛虫放在一只花盆的边缘，使其首尾相接组成一圈，在花盆不远处，又撒了一些松毛虫喜欢吃的松叶，松毛虫开始一个跟着一个绕着花盆一圈又一圈地走。这一走就是七天七夜，饥饿劳累的松毛虫尽数死去。其实，只要其中任何一只稍微改变路线就能吃到嘴边的松叶，可悲的是，它们没有。这也是"羊群效应"的一种表现。

动物如此，人也不见得比动物高明。盲目跟风，从众心理，在我们的生活中并不少见。

当某个电视节目收视率高的时候，会有好多台都来做这样的节目，答题类的，相亲类的，访谈类的，健康养生类的，一换频道好几个台都是类似的节目，盲目跟风的结果是时间长了观众产生审美疲劳，另一方面还势必会造成资源的严重浪费。

有的人看别人炒股票挣了钱，也不管自己对股票了解多少，在自己没有分析行情或对自己的分析没有把握时，别人买什么股票他买什么股票。盲目跟风的结果只能是上了那些在股市中兴风作浪的人的当，致使血本无归，多年辛劳积攒下的钱财打了水漂。

高考报考专业时更不要盲目跟风，报考以往的热门专业，专业的冷门与热门都应该以现在和将来的企业所需要的人才应具备的能力来衡量。若干年以

前,计算机专业、英语专业和金融专业都是热门专业,可现在这些专业毕业的本科生找工作极其困难。盲目跟风的结果只能是学到的知识等毕了业却无用武之地,或者与企业要求的相差太大,致使就业困难。

学习各种知识也是一样的道理,不注意从自己的兴趣和特长入手,看什么热门就学什么,看什么赚钱就学什么,这样盲目跟风的结果最终只会害了自己。

在临近毕业的时候,大家多多少少都会有些恐慌,由于工作不好找,其中很多人选择考研、考公务员,甚至忙着参加各种职业资格培训,有时候明明知道考研所选的专业或者参加的各类培训并不是自己所喜欢的,可看着别人都这么做,还是忍不住硬着头皮也选择了相似的道路。

小米好像天生就不是那种喜欢学习的人,她最大的爱好就是画画,可是迫于父母的希望和压力,她还是放弃了走美术的路,而是老老实实地按照家长的劝导读了一个还不错的大学。毕业之后才发现,找一份自己喜欢的工作实在不是一件简单的事情。要么轻而易举就业了,但薪水低得很,勉强可以养活自己;要么就是工资稍微高点,但整天累死累活,几乎完全丧失了属于自己的时间。正在犹豫的时候,看身边有不少同学辞去了手头的工作,加入了考研的大军。容易受人影响的小米也决心再为自己选择一次,离开了刚工作半年的公司,重新拿起了课本。

大家都觉得研究生的毕业证肯定比现在的毕业证好使,于是为了这一纸文凭,小米选择了一个自己并不喜欢但是历年分数线很低的专业,这样考起来难度就会小些,考上的概率也就大些。然而,她发现自己每天除了背着画夹到处游玩写生,根本就无法静心学习,考试结果下来可想而知,落榜了。正当她有些丧气的时候,看到周围的好多人都在为考公务员做准备,于是自己也不假思索地报了名。但是仅凭她一时的冲动,最终还是以失败告终。

后来,她背着画夹,在公交车上偶然被一个美术学院的教授发现了,教授很欣赏她的作品,没想到她这样一个非科班出身的人对作品的刻画竟达到了如此惊人的程度。当即决定要收她为自己的关门弟子。那个时候,小米才终于发现,原来画画才是自己最擅长的也是自己最喜欢的,干吗要把那么多的精力和时间浪费在各种无谓的考试或者培训中呢?适合别人穿的鞋子,不一定合自己的脚。

这个世界上,有的人的确很成功,但不是所有的位置都能适合他。海燕适合在风雨中飞翔,天空就是它最好的位置,你想把它囚于牢笼,只会让它失去最好的状态。

在职场生涯中,有的人失败了,尽管他们也很努力,或许仅仅是因为他们没有找到适合自己的位置。无论做什么,不要跟风,也无须羡慕别人,只要按照自己的兴趣和特长,找准自己的位置,然后尽力做好它。

至少有一项可以拿得出手的学习成果

其实我们每个人都只不过是芸芸众生中一个极平凡极普通的个体,但是即使是再平凡再普通的人身上也一定有自己的闪光之处,凭此,他就可以在纷繁芜杂的世界中找到自己的立足之地,或者是实现自己的价值,达到心中的目标。

大凡去美国的人,都想早一点拿到绿卡。美国是一个十分注重效率和功利的国家,你要对美国的社会经济发展有益,美国才能接纳你。在美国拿绿卡,只有两种人可以:一种人是来美国投资或消费;还有一种人,就是有技术专长。

听别人讲过这样一件事情,说是在美国移民局的时候亲眼目睹的事。

他在美国移民局申请绿卡的时候,曾经遇到过一位中年妇女,从她被晒成古铜色的皮肤看,可以断定是一位户外工作者。出于好奇,他上前和她搭话,一问才知,她来自中国北方农村,因为女儿在美国,才申请来美。她只读完小学,

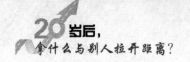

汉语都表达不好。

可就是这样一位英语只会说"你好""再见"的中国农村妇女，也在申请绿卡。她申报的理由是有"技术专长"。移民官看了她的申请表，问她："你会什么？"她回答说："我会剪纸画。"说着，她从包里拿出一把剪刀，轻巧地在一张彩色亮纸上飞舞，不到3分钟，就剪出一张张栩栩如生的动物图案。

美国移民官瞪大眼睛，像看变戏法似的看着这些美丽的剪纸画，竖起大拇指，连声赞叹。这时，她从包里拿出一张报纸，说："这是中国《农民日报》刊登的我的剪纸画。"

美国移民官员一边看，一边连连点头，说："OK。"

她就这么OK了。旁边和她一起申请而被拒绝的人既羡慕又忌妒。

你可以不会管理，你可以不懂金融，你可以不会电脑，甚至，你可以不会英语。但是，你不能什么都不会！你必须得会一样，你要竭尽全力把它做到极致。

因此，一个人不怕平凡和普通，就怕两手空空或者身无长物。尤其是对于很多年轻人来说，总觉得自己年轻，还有很多时间学习，其实，一旦进入社会，你就会发现，如果你没有一项可以拿得出手的学习成果，没有任何一点优势，那么你注定会在滚滚浪潮中淹没得无踪迹。

娟子在一家公司做职员，但是性格比较内向，因此就这样默默无闻地工作了一年多，工资也没见长进多少。看着和自己同时进公司的同事，半年前就已经升职加薪了，娟子内心着实泛起不舒服的滋味。

经过一番反思，她觉得自己并不是一无是处，或许别人的优点她不具备，但是她所拥有的长处或许也正是别人所欠缺的，要想更大程度地体现自己的价值，就要借助自身现有的优势，在合适的时间去做合适的事情，这样或许就能更快地接近成功。

机会终于来临了，娟子所在的公司要与一家中韩合资公司洽谈一项业务。当老板带着几个下级风尘仆仆赶到会晤地点时才发现，对方所在人员都是韩国人，而且都不太会说中文。老板见此种情况尴尬极了，连招呼都不知道怎么打了。老板对韩国人说的话只是点头微笑的应付,一脸窘态。

这个时候娟子走到老板跟前,轻声说道:"老板,我会韩语,让我去试一试吧!"老板很惊讶地注视着她说:"你去?""是的,我去。"娟子点头答到。在没有其他的办法下,老板将信将疑地让娟子去试试,并叮嘱她如果不行就不要硬撑,要赶快住口。

只见娟子自信地和老板一起走到客户面前,主动同他们用韩语亲切而自然地交流起来。客户见娟子竟然能够说得一口流利的韩语,在合作的信任度上不自觉得又加了砝码,双方聊得很愉快并顺利签订了合同。老板心里悬了半天的石头终于落地了。

事后,大家才知道娟子懂得多国语言,在语言方面很有天赋,只是她不爱表现和内向的性格使很多人不知道她还有这个拿手好戏。连老板当时也不敢相信,平时那么平凡的一个小职员会在这方面有才能。

娟子在关键时刻不但为老板解了围,还帮公司顺利签下了价值千万的合同项目。在回来后的第二天,娟子就被调到了外事部,她不但升了职,更重要的是她以后就可以每天做自己喜欢并擅长的工作了。

不是每个人都能制造出飞机,但你可以做一个出色的飞行员实现翱翔蓝天的梦想;或许你没有响亮的歌喉,但是你对声音有着不一般的敏感和天赋;或许你没有……没有很多,但是你至少要有一样拿得出手,不求十八般武艺样样精通,但求一技在手,这样你就有了继续前行的资本。

未来想要从事什么行业，多关注它的发展

俗话说："女怕嫁错郎，男怕入错行。"其实不管男女，能否选一个有潜力的行业，这关系到自己一生的职业规划和人生价值的实现。每个人在走向社会的时候，都怀抱着理想，决心为自己打造一个美丽的前程，但是如果不慎入错了行，那么就无异于是在浪费自己有限的时间和精力。

在实现理想的路上，不是一蹴而就的，就像是刚出生的婴儿，也不可能一下子就学会了走路，不经历一番摸爬滚跌倒，就很难迈出坚实的步伐。其实，每个年轻人走向社会也一样，要在走向社会之前就尽量做好准备工作，这样才能少走些弯路，就算是之前没来得及做这些铺垫，那么现在开始也不算晚，只要你足够努力。

如果你的心中已经对未来有了个大致的构图和规划，或者清楚地知道自己将来想要从事什么行业，那么就要多关注它的发展。只有你对于这个社会的发展趋势有个基本的了解之后，才能更好地校正自己的位置，弥补成长成功路上的种种不足和缺陷。根据有关专家对于未来行业的发展趋势的预测，总结了以下几个行业的知识，当然，这个社会瞬息万变，永远不存在一成不变的事物，这些标准也只能做些参考，每个人一定要结合自身的实际情况来及时调整自己的发展方向。

1.网络信息咨询与服务业

当今的时代是一个信息时代，信息网络技术的发展使人们对网络信息的依赖也越来越大，网络信息服务也成为社会上的一个重要的行业。这个行业包含了网上购物、商业信息服务、广告媒体服务、技术信息咨询与服务,等等。

2.房地产开发业

随着住房政策改革和住房的商品化,房地产开发业成为一个繁荣兴旺的行业,购房也成为每个家庭的一件头等大事,房地产开发业也因此面临无限的商机,并因此带动了与之相关的房地产开发、咨询、销售业务、物业管理、租借、二手房转让行业的迅速发展。房地产开发具有巨大的市场,也具有较高的利润回报,因此,受到众多房地产投资者的青睐。

3.社会保险业

随着国家经济的发展和社会保障体系的不断完善,人们的安全防护意识也不断提高,保险意识越来越强。对于一般的家庭来说,都意识到了花少量投入,保证家庭财务和成员的生命财产安全的重要性。因此,保险业也日益受到人们的重视。

4.家用汽车制造业

国家经济的飞速发展和人们物质生活的不断提高,家庭对汽车的需求量也呈不断上升趋势,个人对家用汽车的需求将在今后相当长的时间内持续上升,给家用汽车制造业带来前所未有的机会,商家也将从中获得丰厚的利润。同时,家用汽车市场的发展还将带动汽车配件、维修以及相关的技术产品生产业等行业的发展。

5.邮政与电信业

在当今快节奏高效率的时代,人们对信息传递快捷性、同步性的要求越来越高,对相关通信产品,如电话、手机、传真机,以及通信服务的需求也越来越大。目前中国的电话与移动电话人均拥有率远低于世界平均水平,中国通信市场的开发潜力巨大,这将给通信业带来新的机遇和丰厚利润。

6.老年医疗保健品业

随着我国老龄人口的增加,中国也随之步入人口老龄化的社会。老年人比例的增加带来很多医疗、保健、社区服务等方面的需求的增加。因此,从事老年

人保养品、药品、生活必需品、社区服务等将具有很大的发展前景,并形成一个独特的产业。

7.妇女儿童用品业

随着人们对生活质量要求的提高,女性朋友和儿童对服装、化妆品、洗涤用品以及她(他)们生活中的一些必需品的需求也越来越大。在这些用品上的投入也比较高,必将带动相关的产业迅速发展。在未来的社会发展中,这一行业仍然有巨大的发展潜力。

8.旅游休闲及相关产业

由于人们生活水平的提高以及节假日数量的增多,外出旅游休闲成为人们生活中的一件很平常的事情。人们旅游休闲的机会也越来越多,这不仅带动了旅游业的发展,同时也带动了、运动产品、旅游产品等制造业,及体育场馆经营、旅行社等服务业的繁荣发展,形成了一个促进经济发展的强大产业。

9.建筑与装潢业

国内城市居民住房的商品化,带动了装修业的发展,室内装饰产品和装修工程承包业成为一个获利丰厚的行业。随着人们对住房条件的要求提高,城市居民对于住房的装修投入也在 2 万~5 万元左右不等,这也促进了装饰材料业的发展。

10.餐饮、娱乐与服务业

社会生活节奏的加快使人们对快餐业的需求增加。虽然国外的西式快餐业在中国迅速发展,但是,西餐式的快餐业更多的是针对儿童市场。对于中国人来说,更习惯于中国式的快餐,因此中式快餐业在未来社会发展中将占有重要的地位。

11.银行业

中国加入世界贸易组织后,随着金融业逐渐对外资开放,金融人才的短缺变得更为明显,对投资银行、资产证券化、计算机软件开发与应用、咨询评估、国外商业信贷分析、风险管理的人才产生了迫切的需求。

银行业收入颇丰,是一个让人羡慕的行业。随着银行数量和业务的增多,对人才的需求持续上涨。这对于那些学习相关专业的高校应届生是最好的选择之一。

12.管理咨询业

在我国,咨询业属于新兴行业,但发展势头不可低估。目前该行业的专业人才有很大的缺口,市场需求庞大,使得咨询业成为最受人青睐的产业之一,有着很大的发展空间。

与强劲的发展势头相比,我国现阶段管理咨询行业的人才不足,远远不能满足庞大的市场的需求,而有国外大企业工作背景的成熟的咨询人员更是凤毛麟角,因此人才的不足和市场的需求之间存在着矛盾。

二十几岁的年轻人,应多关注一些自己喜爱行业的发展动向,深入了解它,才能在入行后很快融入这个行业。

证书只是一种资格,别期望它能证明更多

在求职日显艰难的今天,年轻人在跨入大学的第一天起,就开始计划着自己4年后的出路、为考研深造、各种证书辛苦地忙碌着。各类培训成了人们提高自身含金量的主要手段之一,考证热潮从学校蔓延到社会,甚至不少人在毕业工作后也会把换一个好工作的希望寄托于多拿一个证书上面。其实,再多的证书,再光鲜的包装也远没有多具备一种素质、多掌握一种本领来得实在。

一位博士毕业之后到一家研究所工作,仗着自身学历高而常常目中无人。这天,博士带着渔具去研究所后面的池塘钓鱼,发现正副所长也都在这

里,正所长和副所长都是本科毕业,博士觉得没有必要和他们说话,也实在没什么好说的,他压根儿就没把这两位本科毕业的人放在眼里。

转眼两个小时过去了,这时只见正所长站起身来,踏着水面径直朝池塘对面的厕所走去,从厕所出来后又从水面上走了回来。

博士简直看呆了,眼睛瞪得大大的,心想:天下难道真有这样的奇人,竟然可以在水面上来去自如。

突然,博士内急,想去所内的厕所又要绕上一大圈,实在等不及了,最近的厕所就在对面,可是要从水上才能过去。博士正不知道如何是好,但生理上的紧迫容不得他多想,他心一横:本科生都能做到的事情对一个堂堂博士生来说更没有什么大不了的。只听见砰的一声,博士犹如一块大石头掉进了池塘中。

两位所长听到声音不知博士为何如此,赶紧把他拉起来问其原因。

博士问道:"为何你们上厕所可以从水上经过安然无恙而我却不能?"

两位所长相视而笑,他们告诉博士,池中本来有两排木桩,因下雨水涨,木桩被淹没了,而他们因为经常从这里走过熟知木桩的位置,所以就轻而易举做到了。

这位博士自认为博士毕业就可以无所不能,结果闹出了大笑话。

的确,本科毕业证在博士毕业证面前会黯然失色,如果我们可以能取得更高的学历,这说明我们可以比别人获得更多的机会和知识,但这并不是绝对的,在工作中,即使你有更高的学历也不见得你就一定能比别人做得更好。

为了顺利地找到工作,越来越多的大学生除了毕业证、学位证、等级考试证等,在课余时间还会参加各种职业资格培训,想着某天带着这么多各种各样的证书站在面试官面前的时候是多么光荣的一件事情。但是,任何时候,如果期望证书可以给你更多,那么下一个在工作中闹笑话、走弯路、掉下水的可能就是你了。

证书固然是你某段时间成绩的总结,但它的有效期不是永久的。纵使周身没有证书的光芒,但只要有真才实学,你仍然可以傲然枝头。

某中美合资企业要招聘一名总经理助理,但是招聘要求相对很高,小云很向往这个职位,这家公司的规模、福利待遇对小云充满了诱惑。她一直向往到大公司工作,也为此做了很大的努力。在这个人才济济的城市,在与别的求职者相比,自己并不占优势的情况下她还是去参加了面试。

到了该公司楼下,小云被高档、气派的写字楼深深地吸引住了。她给自己鼓了鼓劲,然后就走了进去。进入大厅后,公司的一名接待人员安排小云和其他所有应聘者安排在会客厅等候。

不一会儿,人事主管宣布:"请各位仔细察看本公司的招聘要求,如有不符合的,请大家自觉离开,以免耽误个人和公司时间。"说完后便转身离去。小云反复地研究招聘启事,见自己各方面都符合,唯独没有英语四级证书。她知道,要想进合资企业工作,具备英语四级证书是最基本的要求。她开始后悔起来,后悔自己不该来这里碰运气。

抬头观望时,她发现会客室里的人已经少了一半。一番思想斗争后,不愿轻易认输的小云想:虽然我没有证书,但我一直在坚持学英语,况且我的口语一直都不错;既然来了,就试试吧,要坚持到最后一刻。

面试开始后,一个个应聘者先后走进了总经理办公室,然后又垂头丧气地出来。当叫到自己的名字时,小云顿时紧张起来。她忐忑不安地走进办公室,用发抖的双手将各种材料放到总经理的办公桌上。这位外籍总经理看完小云递过去的简历和各种证书后,用蹩脚的中文对她说:"你大概忘记带英语四级证书了。"小云满脸通红地说:"对不起总经理,我不是忘记带了,而是根本没有英语四级证。"这位总经理用异样的眼光上下打量着小云,随后叫工作人员把小云请出去。

"证书能说明什么问题?我虽然没有四级证书,但是我能用英语与外国人进行很好的交流。总经理就凭我没有证书就否定我的能力,未免有些偏激。作为一名助理,注重的是口头表达,并非书面上的一些东西……"她用流畅的英语激动地说。

外籍总经理听完小云的这段话后,先前严肃的表情已被笑容所代替了。他用中文对小云说:"你说得很对,证书并不能说明什么,虽然你没有四级证书,但你是我接待过的应聘者中最出色的一个,欢迎你加入我们公司。"

现在很多招聘单位都不断提高自己的门槛,但是没有证书并不能成为找不到好工作的借口。既然没有证书是不可改变的现实,就应该认真面对这个现实,然后通过各种努力来弥补。

如果现在你正处于考证的浪潮中,那么想清楚了再决定,证书只是一种资格,别期望它会证明更多,千万不要陷进了盲目考证的误区,弄到最后白白浪费了大把的光阴,劳民伤财之后却仍然未达最初的目的,反倒与最初的期望越来越远,背离了初衷,岂不更加悲哀?

融入世界的适应力
——你去适应世界，还是世界适应你

职场上通常把 80 后的年轻人称作"草莓族"，顾名思义就是表面光鲜亮丽，但是怕压怕碰，承受不了挫折，不善于团结合作，缺少足够的主动性和积极性。并且在选择工作的时候，也常常会因为种种原因见异思迁。每个人都曾经历过刚入职场的青涩，但是要想更好地适应社会的发展，就不能将这样的时期无限制地拉长，给自己一个目标，一个方向，朝着它迈进，努力将自己打造成一名优秀的专业人士，实现自己的价值。

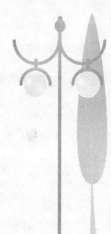

最不招人喜欢的 7 种职场新人

在很多毕业生为工作焦头烂额时，已有些幸运儿作为新人进入职场。新人要适应全新职场环境的同时，周遭也在观察和评判着新人的素质和价值。职场不同于学校，你需要注意的事项很多。那么，作为新人，哪些行为、哪些素质是不该出现的呢?看看以下 7 种职场新人的表现，再反观一下自己是不是也犯有同样的毛病，争取做到有则改之无则加勉。

1.极不合群

一家物流公司新近招了一批人，这些职员上班时的大部分工作是坐在办公桌前处理单据，并不需要性格过分热情开朗或者为人八面玲珑的人，但是公司当然也不希望找每天像空气一样地存在的职员。新来的一批职员中有一个女孩子就内向得让人受不了。她刚来上班的时候，没有人知道她是几点来的，下班时候也是这样，大家才开几句玩笑的时候看见她还在，刚回到座位上忽然就发现她的桌上已经清理一空，下班了。被她这么毫无声息地一来一往吓过几次，但是时间一长大家也都习惯了，最后几乎都渐渐忽略她的存在了。

本来，新人刚入职场，利用中午吃饭时间可以和同事们聊聊天、吃吃饭熟络起来，有很多新人的确是这么做的，也由此融入了大团体，但是有的新人愣是坚持每天躲到会议室的角落里一个人吃饭。如此不合群的新人，大家想上前去打招呼都担心会吃闭门羹。

2.太爱表现

小刘刚毕业，到了一家广告公司工作。他本身是学日语专业的，但是工作中暂时没有他专业的"用武之地"。然而,他似乎并不甘心这样的状况,仿佛不用到日语就难受得无法工作似的。于是,平时同事交流或者开玩笑,有事没事他总会夹杂几句日语,如果在场有人听得懂还好,问题是同事中没有一个懂日语的。他也不顾这样的表现会让别人产生反感,一边讲一边还要看看其他同事,尤其是女同事,那种眼神就像是在炫耀:"瞧我日语讲得多流利。"几乎每隔两天,他都要打一两通完全讲日语的电话,一开始同事们想着也并没有那么重要的日本客户啊,所以听到他对着电话听筒日语讲得欢畅,就会多看他几眼,瞧他那语气、腔调,像是在打私人电话。公司虽没有明文规定不准打私人电话,但是这样张狂地表现自己,未免过头了。

3.行为怪异

职场就是职场,不是你个人耍酷的地方。小陈是一家贸易公司的业务员。刚进来的时候没发现什么特别不好的地方。那时正好是冬天,天气还算好,大部分人认为并不是很冷,但突然有一天大家发觉这位新员工小陈进入办公室总是戴着帽子。他的帽子是连着衣服的那种,而且全黑。一开始大家都没觉得什么,可后来发觉他每天都是同样的打扮,而且进了公司也没有脱掉帽子的意向,整个一天上班都是保持这样的装束,不免让人觉得怪异。

经过查证,发觉他并没有秃发、掉发的尴尬,就更加不明白他为什么那么喜欢戴着帽子。另外,他走路的声音也很轻,整天戴着帽子不发声音地移来移去,平添大家的恐惧感。后来大家试着跟他提出,希望他能改变一下,但却并没有达到预期的效果,可以说他是很执著地喜欢戴帽子吧。到最后,同事们实在忍无可忍了,向公司领导反映,公司领导出面向该员工提出了想法,小陈迫于各种压力才决定"改头换面"。

4.敷衍了事

一个新人来到公司,总免不了先从基层做起,在慢慢适应的过程中了解并熟悉整个工作流程。比如展会业的工作内容和流程就是这样,筹备期比较长,工作内容也比较繁杂琐碎,但是只有经历过这个过程,才会对最终举办成功一

个项目产生成就感。在漫长的准备阶段，展会公司需要做的就是宣传、招商、租借、反复确认等，不断地打电话给参展商确认一些细节问题。

这份工作看似简单，但是整天握着听筒打电话也不是一件轻松的事情。刚来公司不久的小姚，对这样的工作内容有些受不了，为了尽快完成，就开始敷衍了事。

负责人找全名单之后叫他第一遍打电话推荐公司正在筹备的展会，问问对方有没有兴趣参展，他一开始打得很卖力，可是毕竟工作太单调，后来他就开始偷懒了。到最后，凡没打通的，他就干脆忽略不打了。然后向上级报告说这些单位不准备参加本次展会。这是何等不负责任的工作态度！又会让公司产生多少损失？这样的新人每次报告什么事情有问题或者无法完成，别人总会认为他有敷衍了事的嫌疑。试想哪个公司喜欢抱着这种工作态度的员工？

5.不拘小节

有的年轻人特别讲究个性，某家公司里新来了一个男生，他戴一个耳钉，头发染黄，一小撮一小撮的。每次一进来都会令大家眼前一亮，牛仔裤上剪几个大洞，电脑包斜挎在身上，走起路来松松垮垮。做事明显带有自我标签，而且喜欢跟潮流。主管为此特地跟他谈过，他说穿西装穿得太死板了，没有年轻人的感觉。公司主管就让他到写字楼的大门口，看看走下来年龄差不多的人穿的是什么。

一些新人很不懂礼貌。进门自己先进、出门自己先出，主管、同事走到他身边说事情，作为新人第一时间要站起来，这些都是很基本的礼仪，然而你会看到很多的职场新人，往靠垫上一靠，二郎腿一跷，很没有修养。企业是由很多人组成的一个团队，你过了头就会影响大家。不拘小节不是坏事，但是也别忘了，很多时候，决定你成功的往往是点点滴滴的细节。

6.缺乏主动

任何一个行业和公司，对于那些刚刚来工作的新人来讲，对于那些不懂的东西，都有可能会有学习或者培训的机会。而那些老员工一般也会比较积极地帮助新人。但是很多新人就像算盘一样拨一拨动一动,不拨就不动,人家不来教他,他也就不学了,就等在那儿等别人来教。

小林到这个公司整整一周的时间了,在这几天内,她几乎每天都在那里上网,大家都忙得不可开交,只有她看上去是百无聊赖的样子。

很快小林就被叫到办公室谈话,问她当初选择该公司的目的是什么?她说看大家在忙,不知道该干什么,所以只好上上网,看看这里、看看那里。老板说:"你不知道该干什么就要不耻下问,这是你的主动性不够,在家里你的父母或许会为你准备好一切,在企业不同,企业是要通过你们生存发展的,你要为企业做事情。"

很多新人招聘的时候说自己什么都会干,去了之后做错事情却说公司没有培训。学校里学的东西在企业里面可能会过时,这跟知识结构不匹配有关,所以作为大学生进入企业之后要不断学习,保持知识方面的更新,同时保持自己在职场上、行业里的竞争力。即使你在大学里面英语拿到专业八级,但是到了企业里面发现还是需要学,因为在一个行业里面有很多的专业术语。

在企业里面一定要让自己处在不断地学习状态,要积极主动地去学习别人的经验、学习别人好的处世方法和态度,还有知识方面的更新,要比较多地了解自己所处的这个行业以及所在的企业将会用到的知识。

7.过于稚气

公司每年都会招收一些新鲜血液进来,想必很多人都经历过这个阶段。刚开始的时候,免不了会有种种迷茫和无奈。所以,前辈对他们还是比较理解和照顾的。刚入职场确实会有很多需要向前辈们请教的地方,但是不能永远停留在这种"一无所知"等着别人手把手去教的局面。

现在不少年轻人依赖性很强,仍旧把自己当成一个孩子。有一次,小徐被派出去给外地的供应商汇款,很简单的事,结果她却连着两次因为粗心而把单据填错,款全数退回。最终还是主管亲自出马才弄好。还没怎么批评她,她就已经泪流满面。

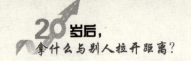

刚刚从学校进入社会，总会碰到这样那样的不适应，新人在这个时候，不能还像在家里那样任性娇气，总把自己当孩子。毕竟这里不是幼儿园，做错了事情还要人哄着。这是上班的地方，新人要听得进善意的批评，并且更要勇于改正。

其实，职场上不招人喜欢的新人不仅仅这些，上述只是给初涉职场的年轻人一些建议和警示，如果你身上有类似的毛病，那么从现在开始改正自己，还来得及。用智慧和努力让自己成长为职场达人。

从心理上适应"入职的落差"

学校与社会的环境毕竟不一样。每个单位都是社会的缩影，对于那些刚涉职场的年轻人可能还停留在对学生角色的依恋上，埋头苦读十几载养成的学习方式和生活方式早已经成了一种习惯，但这很有可能就成了他们适应新环境的绊脚石。

张亮大学毕业后工作才一年多，但是在每个工作单位都待不长，已跳槽三次。每次跳槽的原因，就是他对身边的同事越看越不顺眼。

大学刚毕业，张亮就进了一家企业做销售。可上班没几天，张亮看见经理总是一副爱答不理的模样，心里暗暗来气：你一个大专生，不就是比我早两年进公司，要知道我是本科毕业，而且是连续两年拿甲等奖学金的优秀大学生，现在只不过是想学点东西而已。更令人气愤的是，这个销售经理老是故意出难题。于是，忍气吞声干了6个月，张亮狠下心辞职走人了。

张亮进的第二家公司是典型的家族企业，他感到管理制度完全就是摆设，根本没人按照制度去执行,而且公司这些人喜欢拉帮结派钩心斗角,一点正事都不干。尤其让张亮不能忍受的是这个小公司的副经理,一叫张亮做事总是对他吼,一点能力都没有却只会骂人。所以,张亮只工作了 3 个月就赶快离开不干了。

后来,张亮进了一家事业单位。工作了一段时间后,张亮在这个单位也郁闷,因为做什么、怎么做都是规定好了的,一点创意都没有,感觉就像混日子一样。张亮感觉好像人生都没有希望了。他深切地觉得大学毕业后这一年多算白过了,总在这些地方耽误时间、浪费时间。

张亮觉得现在的工作单位(包括以前的)和自己想要的工作环境不一样,周围的人一个比一个讨厌。

像张亮这样刚进入社会的时间不长,而频繁换工作的年轻人不在少数,他们认为现实和当初自己所预想的完全不是一个样子。在这种种苦恼的背后,也引发出一系列的问题。其实,这些问题的根源不在社会,大多在自己身上。学校和社会不一样,也许你可以以一种自由散漫的心态对待学习,但要是把这种心态带到工作上来,那么吃苦头只是早晚的事情。

进入社会后,要去除身上的大大咧咧、自由散漫的学生气,一定要先从心理上脱掉散漫的 T 恤,以严谨、自律、职业的态度面对现实。职场新人该如何尽快转变角色适应职场环境呢?

1.不要抱过高的期望

尽快适应角色步入社会,意味着学生角色向职业角色转化的真正开始。大学生初入职场,被人认可的愿望十分强烈。但从业之初,往往被指派做一些技术含量较低的工作,或被频繁轮岗;曾经是学校里的优等生,如今却只是一名普通员工;学的是热门专业,但却没有获得期望的薪酬和机会。评价标准的差异,期望值的落差,让许多优秀大学生无所适从。

2.克服心理上的落差感

适应角色阶段的心理调适重点在于了解职业角色定义,安心工作岗位,克

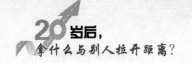

服心理上的落差感。职业角色是用已掌握的本领，通过具体工作为社会付出，独立作业，以自己的行为承担责任。在这一阶段，应当尽快地从以往学习模式中解脱出来，全身心地投入到工作岗位中去。要动态地看待就业，不论是高才低聘，或是期望值落差，都不会是永远不变的。真正的人才绝不会被永远埋没。一定要有不怕吃苦和做小事的勇气和毅力，荀子说的"不积跬步，无以至千里，不积小流，无以成江海"，对大家应该很有启发。克服工作压力，尽快进入角色。

3.为自己的行为负责

虽然是职场新人，也要对自己的言行负责，因为工作中的任何过失和错误都有可能造成单位的损失，都可能被人们指责。可以说，解除工作上的压力是进入角色必不可少的一环。这一阶段心理调适的重点在于适应工作节奏，提出合理建议和构想，展示自己的潜能，为承担重要工作做好准备。像小学生那样从头学起，虚心向有经验的技术人员、领导和同事学习，不断丰富自己的专业知识，提高专业技能；运用自身掌握的知识去努力解决问题，培养自己的独立见解，逐步具备独立开展工作的能力，更好地承担角色责任；融入集体，建立良好的人际关系；为单位创造效益，作出贡献。

4.尽快熟悉工作环境

熟悉工作，熟悉环境，熟悉行业之后，有必要对目前的工作进行审视。当前流行的说法是"先就业后择业"，这一提法不无道理。客观分析自己对工作的适应情况，对自己的能力进行正确估价，对以后的事业进行规划。在对主客观因素客观分析的基础上，选择既适合自己的个性特点、能激发兴趣爱好、有助于实现人生理想抱负、又能胜任的职业。

5.少说多听、累积人缘

新人最忌讳的就是搞不清楚状况，随意地发表意见，毕竟还是新人的你，对任何人事都了解不深，最好是眼观四路、耳听八方。对于不懂的事物，一定要请教前辈，广泛地收集公司内部的信息，了解每个人的个性，找出与他们的相处之道，而且必须广结善缘、累积人缘。

6.调整理想与现实的差距,走出自己的路

新人刚入职场一定是雄心万丈、抱负比天高,但是进入职场几个月后,开始碰到理想与现实冲击的状况,如果不能自我调适,那么一份工作往往做不了多久,就变成职场的游牧者。学校课本传授的理念和职场的现实,经常有天壤之别的差距,造成很多新人有曲高和寡的自我感叹。

7.将工作压力转为动力,适时排解工作压力

每一份工作都有不同压力,唯有努力地累积工作实力,让压力成为努力的动力,才是积极面对压力的方法,否则将会陷入可怕的职场恶性循环。如果因为工作能力不足、自己表现差,被主管大声斥责后,更加沮丧,于是每周一开始等周五下班。这样消极的态度将会使你对工作有畏惧感;或是每天加班,还是无法完成主管吩咐的工作,使自己逐渐地失去自信。

8.最好不要频繁跳槽

不轻易跳槽,保持平和的心态,切忌攀比,承认个人能力的大小,承认个体差异。如果毕业生目光短浅、眼高手低,稍不如意就一走了之,受损失的不仅是用人单位,更是毕业生本人。另外要善于抓住机遇,只有兢兢业业、踏踏实实工作,才能迈向成功。

从做小事开始磨砺自己

达·芬奇开始学画画的时候,画了几年的蛋,但这却是他后来成为艺术巨匠的基础,齐白石曾说:"余画虾数十年始得其神。"不同的人对这样的故事有不同的解读,或者说是做事要打好基础,或者说熟能生巧,或者是要持之以恒,

但有一点是肯定的,那就是很多成功都离不开一点一滴的磨砺。

磨砺自己,需要付出代价;磨砺自己,需要耐得住寂寞和孤独。人生的磨砺,并不同于舞台上的演出,不仅要进入角色,还要实实在在地承受生活中的不幸,经历人生的起伏。有许多人,如果没有生活的磨砺,没有遇到突如其来的打击,往往不能取得超常的业绩。苦难是一所大学,她教会人们如何逆水行舟。磨砺是一个银行,经历的磨砺越难越多,得到的收获也越多。

现代生活的富足,使越来越多的人沉迷物质的享受,远离艰苦生活,不愿进行自我磨砺。玉不磨不美,人不磨不灵。有意识地磨砺自己,在磨砺中造就一个崭新的自我,在短暂的人生中不断书写新的篇章,使人生价值得到最大实现,这是一个现代人应有的追求。唯有如此,才能拥抱成功的辉煌。

杨晨和东子是一起毕业的同班同学,在学校的时候两个人就是好哥们,离开学校之后两个人仍然保持着密切的联系。在别人眼里,两个人都同样优秀,按理说都可以找到一份不错的工作。然而事实上却不是这样,杨晨在毕业前夕就和一家外贸公司签了协议,而东子却在考研失败之后留在学校所在的那座城市做起了快递员。

杨晨因为业绩突出,被奖励可以带薪出游一周。他就趁着这次机会来到东子所在的地方。其实,这次回来,杨晨还有一个目的,那就是劝说东子和自己一起走出去,他一直觉得东子这样选择,或许是因为害怕再次失败。他也一直认为,苦读了这么多年的书,不能就这样白白地浪费在这样没有含金量的工作上。他觉得好朋友东子应该有比这更光明的未来。

当杨晨见到东子之后,说出自己的想法之后,东子只是淡淡地说了一句:"呵呵,我觉得这样挺好!"

"就这么收发快递,有什么意思呢?这样的工作就是小学毕业也能胜任,你这样耗下去,不是白白浪费了自己的大好青春吗?"

不管杨晨怎么解释,东子都坚持着不愿离去。杨晨怎么也不理解东子怎么会这般固执。

东子知道杨晨也是为自己好，出于对自己考虑才会这样劝说自己的。作为朋友，他感激杨晨的热心帮助。在杨晨的假期快要结束的时候，东子病了，但是仍然坚持带病上班，因为那一阵正是业务比较忙的时候。东子突然对杨晨说："要不，你今天就帮我分担一下吧。反正你也没什么事，正好还可以顺道把这个城市转转。"杨晨想都没想，不就收发快递吗，这有什么难的。当即就答应下来了。东子跟公司老板说了一下情况，征得同意之后，就带着杨晨一起上路了。

东子把要求简单跟杨晨说了几句，两个人把任务分了一下，就开始忙起来了。

东子以素有的水平很快完成了任务，把该送的快件都以最快的速度送到客户的手里，将要发出去的快件也以最快的速度送往公司，然后再分门别类按照要求放好，交给相关的人。就这么一天下来，杨晨终于明白，原来"快递"并不是一件多么容易的事情，跑腿也就罢了，关键是很多时候眼睁睁地看着上面写的地址，却摸不着头脑，根本就不清楚它的具体方位在哪里。更别说，去上门取货了。

虽然说两个人都曾经对这个城市相当熟悉，但是毕竟后来一个选择离去，一个选择留下，其间的变化也不可谓不大。

杨晨这才明白，和很多人一样，自己犯了眼高手低的毛病。总觉得很多事情没什么了不起，尤其是生活中的这些微不足道的小事，可是真正要去做的时候，却发现根本不是那么回事。

人们常说"眼高手低终究会一事无成"，有的人对那些自己不曾了解的事物不屑一顾，还有一些人眼睛整天盯着不切实际的目标而自己却因为没有能力还不愿意提高自己，最终落得了一无所获的下场。

人总是不满足自己的现状，总是羡慕他人。许多人不懂得，不满足正是一种压力，正是磨砺自己的好时机。因为临渊羡鱼，不如退而结网。既然不满足，就应该奋起，超越自己，超越对手，创造人生的辉煌。经历磨砺的人生才能过得充实，经过磨砺的青春，才会更加光彩照人。人生最大的遗憾莫过于平平淡淡；

人生最大的不幸，莫过于一帆风顺过着玩偶式的生活，没有承受过艰苦生活的磨砺。

磨砺自己，对生活中的困境毫不惧怕；磨砺自己，和自己的懒惰作斗争。磨砺自己，但不放任自己；磨砺自己，但不制造陷阱，与人为敌。善于磨砺自己的人，不计较生命中的一得一失；善于磨砺自己的人，对自己追求的梦想矢志不渝。

老子曰："天下难事，必作于易；天下大事，必作于细。""伟大源自于平凡。"只要坚持做好每一件小事，一样能够创造出伟大的业绩。小处见大，一个小事不愿干、干不好的员工，永远成就不了大事。作为优秀的员工既要胸怀远大的理想，又要认真地干好每一件小事。善于从一点一滴做起，从工作中的小事做起，不放过每一次磨砺自己的机会。

年轻人要记得提醒自己，做人做事不能眼高手低，不能心浮气躁，必须沉下心来，脚踏实地，认认真真地做好身边的每一件小事。所谓一沙一世界，一叶一菩提，尽管有些事很琐屑很细微，但其中却往往包含着为人之要道，立世之根本，你一旦忽视了它，你的灵魂极有可能失去支撑的根本。

争取尽快融入新单位的同事圈

人与人之间的交往都是从陌生开始的，我们每到一个新的环境，要想更好地融入进去，也是需要一个过程的。对于一个年轻人来说，能够尽快融入新单位的同事圈，这不仅是合群的表现，也能让人看到你善于团结协作，有团队精神的一面。这不但有利于你建立良好的人际关系，而且能促进你的工作。只有及时调整心态，尽快融入职场生活，才能更快地成长。

公司里来了两名新员工,一个叫小王一个叫小孙。两个人都是省重点大学毕业的学生,被安排在同一个部门,做同样的工作。两个年轻的员工在工作能力上不差上下,难分伯仲,但是在为人处世上面却有着很大的不同。

小王为人比较"豪爽",见到同事要么直呼其名,要么就是老王老刘地乱喊一气。有一次,小王的顶头上司韩经理正在会客室里接待客户,小王突然闯了进来,大声地对韩经理说:"老韩,有一个你的快递,赶紧去拿。"还不到40岁的韩经理,竟然被别人喊老韩,又是当着客户的面,并且这个喊自己老韩的人还是自己的下属,心里自然感到十分不痛快,对这位大大咧咧的小伙子就有了反感。

小孙和小王却是截然不同的,他见到了谁都是毕恭毕敬的,看到上司就小心翼翼地喊着杨主任马经理。面对没有职务的同事,就客气而又热情地喊郑大姐或者吴大哥,遇到年龄稍微大一些的同事,他就喊钱师傅孙师傅。

在工作上,小王是标准的"朝九晚五",按时上下班,不愿意和公司里的同事进行过多的交往。小孙却不是这样,每天,他都提前10分钟来到公司,把办公室打扫得干干净净;下班之后,如果有人还没走,他就留下来和别人聊聊天,说说闲话。如果同事之中有人需要帮忙,他总是能竭尽全力地去帮助对方。当然,在他遇到一些困难和问题的时候,他也会诚恳地向别人求助。

有一次,他来到了韩经理的办公室里,说是家里有一件大事,务必请他帮忙拿个主意。原来他的弟弟今年参加完高考,想请韩经理"帮忙参考一下,看看填哪一个志愿比较好",韩经理听了之后,心里十分高兴,就十分热心地给他分析了最近这几年的大学生就业形势,之后慎重地给他提出了一个合理的建议。

到了后来,韩经理手下的一个副经理调到了其他部门工作,公司决定用公开竞聘的方式选拔一个新的副经理。小王和小孙都有本科学历,又都是业务精英,于是两个人就都报名参加竞聘。这次竞聘的评委由职工代表和公司中层以上干部组成。这次竞聘的结果是,小孙毫无悬念地以绝对的优势击败了小王,成为公司里最年轻的中层干部。

美国著名的成功大师卡耐基曾经说过:"一个人事业的成功,只有15%是

取决于他的专业知识和技能，而85%则依靠他的人际关系和处世技巧。"一个人要想在工作中取得比较满意的成绩，单凭踏踏实实和勤奋还是不够的，还需要来自周围的认可和支持，毕竟，成绩是做给人看的，只有得到了别人的认可的工作成绩，才是真正有价值的东西。

一个人离开集体组织，很难称为是社会人。集体组织中的人，要清醒地认识到，你的现有价值不是你自身的价值，而是组织给你的价值。你当下拥有的能力，不是你自己的能力，而是组织这种结构给你的能力。依靠组织，善待你的伙伴，做一只合群的大雁，才能在成功的征途上，飞得更高、更快、更远。

所以，在刚迈上工作岗位时，初到一个新单位，听着办公室里的欢笑，你也许常常感叹"热闹是他们的，我为什么没有……"但是，我们应该心态从容地面对别人对我们有意无意的排斥与观察，不必期待一脚就能踏进同事们旧有的圈子。若想尽快加入其中和他们打成一片，则必须有耐心和智慧。

1.不因操之过急而显得虚假

工作时间是你争取早日融入同事圈子的最好机会。"路遥知马力，日久见人心"，你只管认真工作，踏实做人。在你和同事之间本没有什么牢不可破的障碍，只不过因为陌生，或者仅仅因为你自己内心设置了屏障，所以，你会感到他们的抗拒，实际上这种感觉未必是事实。只要你轻轻松松、自自然然地去面对，和同事们打成一片只不过是时间问题而已。

需要注意的是，你千万不要为了尽快进入别人的圈子，而刻意改变自己来适应别人。比如，内心不这么想，或者很冷淡，而表面却要装成极热情的样子，在言语和行为上去附和同事，这样做既没必要，还容易产生相反的效果。一段时间后，他们看出你的言不由衷，反而会鄙视你的为人，这反倒不利于你融入集体之中了。

2.用细心和诚信表现你的热情

除了工作时间，业余时间也是为你尽快融入团体作努力的好时机，假如你可以动动脑筋组织些有趣的聚会，或者真诚地邀请同一办公室的同事去你家玩,你亲手做上几道拿手好菜等,这些都是沟通思想的好方法。

另外,在单位集体旅游或者度假时,尽可能地表现出活泼的一面,跟大伙一块说说笑笑,真诚地显现出你的个性,真诚地表现出你的热心。一定不要独来独往,那样会让同事们觉得你很难接触。

3.乐于助人,体贴同事

你不需时时主动表达你的关爱,只要你是真心诚意的,即使是举手之劳,也会让同事感到温暖。比如去收发室取报纸时,顺便就把楼上办公室几个同事的信和报刊都带来拿给他们。这样你随时细心地体察同事们的需求,时时抱着善意和助人的心态,那么同事们就一定会很快地认同和接受你。

4.要学会宽容和满足

你永远不必希望一个团体里的每个人都认同和接受你。因为人的性情总是多种多样的,你只需要被大多数人接纳和喜欢就满足了。所以,面对别人的排斥和冷漠,你要宽容,视它是一种正常现象,并且对他一样地微笑,至于他对你的态度如何,你完全没有必要计较。当你已经被一个圈子里的大多数人所接纳和欣赏,你就已经是融入到这个群体之中了。你要学会满足,每天怀着一种明媚的、对一切都满意的心态去面对你的工作和同事,你所获得的就会是令你满意的结果。如果你一直很紧张,甚至满腹抱怨,那么你就不容易融入同事圈子,因为人们总是欢迎那些给他们带来快乐的人,而不是带来尴尬和压抑的人。

不是要针对你，前辈对新人的态度就是这样

　　或许你刚刚离开学校，心中全是对未来的期许，胸有成竹地对自己说，一定要在毕业几年后混出来个样子，一边却又发现自己的职场经历原来也并非一帆风顺，甚至还要莫名地遭受些原本不该自己承担的任务和烦恼，其实这些都是很正常的，尤其是对于刚入职场的年轻人，一定要做好思想准备，更要让自己尽快适应当前的环境。

　　王志勇无比兴奋地去单位报到，为了这份工作，他可是战胜了几十个强劲的对手好不容易才争取得来的。这天正是他第一天正式去上班，他见过总经理之后，和办公室的其他同事打过招呼之后就在自己的座位上坐下了。刚打开电脑，就听见旁边的孙主任说："小王，你小伙子身强力壮，把这饮水机上的水换一下吧。"志勇乐呵呵地答应了。

　　第二天，总经理过来让小王的另一个前辈整理一下几份文件，并在中午下班前交上去。总经理刚走，这位前辈就说："小王，你现在手上没活吧，帮我把这份文件整理一下，再打印三份。"小王很迅速地整理完了之后，交上去。

　　后来下楼去收发室取快递的事情也成了小王的"专利"了。

　　一周过去了，最初的兴奋被这种随意被人使唤的不满掩盖了。小王心想："你们凭什么对我这样？""你们有什么资格让我替你们做这做那？"

　　说实话，很多单位都流行"欺负"新人的，只是程度和方式不同而已，有的是利用新人为自己跑腿做些杂事，有的是将自己完不成的任务分给刚来的新同事，新人一旦处理不好要么轻则加会儿班，重则就会觉得反感和无法适应。

但是,尽管如此,不能因此就认定是前辈针对自己。每个人都要经历过职场新鲜期和磨合期,走入社会,踏足职场,就要做到对上司服从,摆正自己的位置,校正自己的心态,用恭敬的态度,心平气和地去完成前辈们交代的任务,把这些都当成一种磨炼,你会收获更多。

这里有几条职场前辈对新人的忠告,可以拿来参考。

忠告一:勤快总没有错。

作为一个职场新人,勤快点总没有错,最忌讳的是眼高手低又懒。一般新人到职场,都不会立刻适应环境,那些勤快的比较多能得到老员工的指导,也更多地会得到一些机会。

公司新来了三个新人,其中一个名校的,一个二流学校的,一个四流学校的。那个名校的透着一股聪明劲,主管于是开始注意他,偶尔还有意给他锻炼一下,结果一段时间下来发现他不踏实,口才很好,但一碰到烦琐的事就往后躲。最大的毛病是懒,能写50个字决不写51个,这并不是能力问题,他文笔也还可以。而且几个新人都打过开水,只有他一次也没见打过。这样几次后就把这个名校的学生淘汰掉了。

再谈那个二流学校的,看起来笨笨的,但是很勤奋,很快适应了环境。他对人对事都比较积极,还特别注意虚心向人请教,上升得也很快,最后成了那三个里面发展得最好的。

忠告二:大企业锻炼,小企业发展。

当你遇到同时有两个机会让你选择的话,一定要认识清楚其中利弊。比如说面临大小企业两个机会选择的矛盾。对于新人,最好去一个大的单位去,因为在那里可以学到很多规范和规矩,但由于大单位一般已形成了固定的组织结构,新人想往上发展一般来讲可能会比较难。当在大企业积累了一定做人和做事的经验后,再到一个发展势头良好的小单位,你就会比较容易获得快速向上发展的机会。

忠告三：要积累人缘资本，但不要钻营。

新人到了单位，要慢慢地跟本部门的同事以及其他部门的同事建立起良好的关系，这一点对新人能否在单位立足、顺利发展都是很重要的。有的新人来了以后，只跟周围的人说话，或者只跟老乡、师兄师姐交往，都是不好的，还有的新人四处走动干扰别人，也易引起别人的反感。

更多的新人不知如何打开与老员工交往的局面，其实作为新人，虚心、礼貌、微笑、少说多做总没有错。如果不是在人际关系特别险恶的地方，一般来说，老员工虽然在新人刚进的时候，会有欺生的现象，时间长了大多还是乐意帮助新人的。

忠告四：一定要知道什么话该说什么话不该说。

职场最忌讳的人之一就是长舌男或者长舌妇，这样的人没有搞清楚状况就散布谣言，既影响内部团结，也影响了自己在大家心目中的形象。

任何行业或单位都有自己的游戏规则，有一些内幕是我们永远也无法知道的，我们能做的就是管好自己的嘴巴，静心观看。

新人刚到一个地方，对周边的了解多是停在表面上的，老员工有牢骚可发，新人就不可以，因为老员工对部门有贡献，而且老员工在部门很多年，新人刚来，什么都没做，就更不应该说三道四。

把做人当成一项功课来学

做人是一门自由的功课，每个人都有选择的权利，做一个什么样的人都是你自己选择的结果。但是，做人一定要有自己的原则，如果没了原则，就好像一个人失去了特点，像失去了灵魂一样可怕。

我们对大豆并不陌生，它有着很高的营养价值，用途广泛，可以用来榨油、磨豆腐，豆渣什么的还可以用来喂养家畜。可以说，大豆浑身上下都有用。

有的人像大豆一样益人，做许多有益于人的事，常常服务于人、帮助别人，点燃爱心，温暖大家。而有的人却成事不足，败事有余，常给人们带来不安与伤害。同样是人，同样做事，效果不同，结果不同。益人的受大家的尊敬与爱戴；害人的总归被人唾弃、被人憎恶。

再看看有些人，行走职场可以说是春风得意，游刃有余，这样的人不一定就特别的有实力，不一定有着非同一般的才华，但必定有着自己的一套做事做人的哲学。

职场上，人与人之间关系微妙，好事或坏事往往是从嘴巴和舌头开始的。因此，这就需要你要做一个懂说话、会说话的人。常言道"良言一句三冬暖"，职场上没有人不喜欢听"甜言蜜语"。平时不妨对同事、领导嘴巴甜一点儿，舌头巧一点儿，多一句问候，多一点儿建议，或许能使降至冰点的人际关系多些暖意，令良好的人际关系锦上添花，或许还能成为同事和领导的焦点。

有的人，真心对人，用心做事，勇于承担责任，他就本着这样的原则，用行动证明着自己，为世界的美好多一份坚守。认真对待自己生活中的每一件小事，因为他们懂得一辈子很短，要争取留下来点什么。

平时我们经常听到"做人难，难做人"的感慨，也经常能感受"先做人，后做事"的领悟。可见，做人不是个小问题，而是大问题，是每个人一生的必修课。

学会做人，是做事的前提和根本。工作和做人处处是技巧。聪明的年轻人应该考虑先做人，后做事。工作能力当然重要，做人的技巧同样不可或缺。更重要的是，做不好人，你就可能没有事可做；而做好了人，就有人可以帮助你完成一些非常困难的事。

不管是职场还是生活，都是一样的道理。不管是谁要想做好事情，首先要做的是把人做好，懂得为人处世的技巧，对自己的发展也是有百利而无一害的。

在热播剧《你是我的兄弟》中，马老二为了花蕾蕾给别人打架，给学校造成了极坏的影响，校长决定将他开除。尽管是在高考即将来临的日子里，尽管马老大再三请求，说供弟弟这么多年就为了盼这一天，能够参加高考，就算是为自己圆一个考大学的梦，但是都没能挽回被开除的现实。

这样的结果却是马老二想要的，他早就不想上这个学了，正好趁此机会可以溜之大吉，并且永远都不用再回这个教室了。难得清闲的他，懒觉睡个够，醒来就去街上瞎逛游。表面上是一个痞子，心里却装着不屈的梦想。他费尽心思地想着干出点事情来给家人看，给别人看。

一个偶然的机会，他遇到了金老板，就开始走上了做生意的道路。在跟着金老板的前些日子里，他从一个涉世未深的小毛孩变成了一个虚心求教的好店员。

一次，在和金老板一道去广州进货的时候，广州的老板答应用一批电子表作为补偿或者是回报，送给金老板。马老二看到这些东西，心里痒痒的，就顺手藏了一只，但是被金老板发现了，金老板一怒之下拿起一把刀，说："知道江湖的规矩吗？哪个手指头拿的就砍下哪个。"马老二被这突如其来的阵势吓坏了。在得知马老二只不过是想给三弟送一只这样的表，但是自己又没有钱买的情况后，金老板放过了他，当然实际上他也只是吓唬吓唬他而已。

在跟着金老板的这段日子里，马老二学了很多以前不曾接触过的东西，他懂得了原来"生意"还有另一种解释："生意生意就是将生活变得不可思议，简称生意。"他更懂得了做人的基本道理，做生意也是做人。一个做不好人的人，是不会做好生意的。

这些都是他在学校里从没学过的知识，这些都不是书本上能看到的文字，但是马老二却真真切切地感受到了原来做人本身就是一门博大精深的学问，应该作为一门长期的功课学习到底。

人生一世，无外乎两件事：一件是做人，一件是做事。做人固然没有一定的法则和标准，但它存在一定的通则，一定有它的技巧与规律。

人非圣贤，人无完人，都会有缺陷和瑕疵，但世间只有想不到的事，没有做不到的事。许多人认为，做人第一，做事其次，学问再其次，天资常居最末。对于那些整天思考如何做事的人，还是先来问问自己如何做人的道理吧。

有的人终其一生，都没弄明白其中的真谛，究竟如何做人，做一个什么样的人，这是一门艺术，一门学问，应该将其作为一生的功课去学习。

尊重制度，上司的尊严不容侵犯

不管在职场上你想平步青云还是只想安安静静地做好自己的分内之事，那么与上司的关系都要处理得当，对于公司的制度要严格遵守，上司的尊严要不折不扣地维护。

田田刚来到这个城市，抱着一番干大事的决心开始了自己的工作生活。田田是一个热情的女孩，有才华，有朝气，而且反应快，身边的朋友和长辈都很看好她。她也不负众望，很快就去了本市最大的一家广告公司上班。不久，总经理请来了一个在广告界比较出名的人，但是这个人却迂腐、自大，刚来到公司就对大家处处指手画脚，惹得公司的每个人都对他有几分恨意和厌烦。可偏偏就是这样一个人，做了田田的顶头上司。

这位新上司上任之后，就指挥田田做这做那，有的是技术含量十分低的"低级"劳动，有的甚至超出了田田的职责范围，尽管如此，新上司还总是当着公司许多同事的面指责田田，似乎田田做的每一件事都达不到要求。这下子可惹急了年轻气盛的田田，她带着满心的不服开始搜集新上司在工作上的疏忽和所做的错误决定，并特意记在笔记本上。

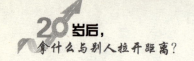

在一次部门会议上，新上司又开始数落田田，田田就当着同组同事的面，将新上司所有的疏忽一股脑儿地"倒"了出来，最后还加了一句："你以为你就行吗？你看你还不是做了这么多错事？"这以后，田田就得意起来，她也开始当着公司所有人的面指出上司的错误，并且她认为这样是对公司及总经理负责的一种表现。因为她要让同事们和老板知道，这个人根本就胜任不了公司的这一要职。

但是没过多久，与田田同一个部门同一天进公司的一位应届毕业生得到了晋升——负责主持公司新开发的一个项目。田田觉得很委屈，明明自己做的事要多，明明自己的才华更出众，但为何得到晋升的却是他呢？后来田田才知道，这位同期能得到晋升，完全是得力于新上司向老板的推荐。而这位同期平时对新上司言听计从，从来不摆一个脸色，也从来不说一个"不"字……

满腹心事的田田想找同事们吐一下苦水，但这时她却发现，原本与自己相好的同事渐渐已避开自己，原来，田田与新上司交恶之后，她便成为同事们眼中的"无脑妹"，大家都不约而同地远离她，在背后嘲笑她……

祸不单行，田田渐渐发现，自己手中的工作渐渐被新上司新招来的几匹"新马"抢去了，田田成了地地道道的"闲人"……无奈之下，田田只好悲愤交加地辞去了人生中的第一份工作……

对于刚刚步入社会的年轻人，或许都犯过这种初生牛犊不怕虎的错误，然而却忘记了，职场不同于学校，你和上司的关系，也永远不像是在学校的时候和老师之间的关系。虽然历史上有不少下级对上级直谏敢言的佳话，然而，所处的背景不同，要想在职场上游刃有余，所采取的方法就不能一样，但有一点要牢牢记得：对于上司的尊严要竭力维护。尤其是在不了解情况的时候，作为下属的你千万不要冲动，因为上司的发火有时是没有什么依据的。

或许你的领导给人的感觉总是那么的和蔼可亲、平易近人，但这并不能抹杀他的权威，更不能成为你可以"冲动或胡来"的原因。身在职场，最忌讳的就是不顾公司制度，抛却上司尊严，挑战上司权威。

公司的制度不是针对你一个人而制定的，是每个人都要遵守的行为准则，不要以为自己就可以搞特殊化。这样只会将自己与同事孤立起来，甚至成为公司的边缘人，这样下去你在单位的日子就没那么好过了。在这样的环境中工作，恐怕你的心情也不会有多愉快。

可以说，尊重公司制度，维护上司的尊严，更多的则是一个人良好素质和修养的体现。当然，上司也有随便发号施令的时候，上司的指示或命令也许存在着很多不公平的地方，但是你要学会接受。与其做无谓的争辩，不如多做些该做的、能做的事情。领导分给每个人的任务会有不同，总有一些人被额外地增加任务。比尔·盖茨曾说："人生是不公平的，接受它习惯它吧。"我们也要试着去接受领导对我们可能不平等的事实，对人生的不完美采取顺其自然的态度。与其花精力与领导较劲，不如把更多精力投入到自己能做好的事情上，更高质量地履行自己的职责。抱怨和委屈是没有任何意义的。要明白完成工作任务就是与上司建立良好关系的前提，千万不要小看了这一点。

热血青年，年轻气盛，不是坏事，但一定要把自己的优势在合适的时间用在合适的地方。只要你身在职场，任何时候都要牢记，上司的尊严不容侵犯，上司的面子是不容亵渎的，好好工作完成任务才是应尽的本分。

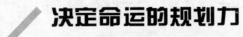

决定命运的规划力
——用对自己负责的态度来规划未来

有句话说，求其上得其中，求其中者则得其下。这个"上中下"说到底就是一个标准、一个目标。目标，就如在茫茫大海中的一座灯塔，可以为你指引航向。为自己的人生立定目标的人，注注会对人生有一个浪好的规划。目标的作用不仅仅是激励你朝着目标勇注直前地奔跑，更重要的是，目标使你的行进更加充实和有意义。

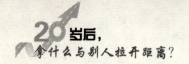
无人指路时，培养独立的思考能力

有一位总裁给大学生的忠告中有这样一条："一定要有独立的人格、独立的思想。"一个经过独立思考而坚持错误观点的人比一个不假思索而接受正确观点的人更值得肯定。不要成为灌输教育的牺牲品。

一个独立的人，不会依赖别人而存在，生活的独立首先源于思想的独立。一个有着独立思考能力的人，肯定也是一个有主见的人，而绝不是会像人云亦云的八哥一样闹出笑话。

一群喜鹊在女儿山的树上筑了巢，在里面养育了喜鹊宝宝。它们天天寻找食物、抚育宝宝，过着辛勤的生活。在离它们不远的地方，住着好多八哥。这些八哥平时总爱学喜鹊们说话，没事就爱乱起哄。

喜鹊的巢建在树顶上的树枝间，靠树枝托着。风一吹，树摇晃起来，巢便跟着一起摇来摆去。每当起风的时候，喜鹊总是一边护着自己的小宝宝，一边担心地想：风啊，可别再刮了吧，不然把巢吹到了地上，摔着了宝宝可怎么办啊，我们也就无家可归了呀。八哥们则不在树上做窝，它们生活在山洞里，一点都不怕风。

有一次，一只老虎从灌木丛中窜出来觅食。它瞪大一双眼睛，高声吼叫起来。老虎真不愧是兽中之王，它这一吼，直吼得山摇地动、风起云涌、草木震颤。

喜鹊的巢被老虎这一吼，又随着树剧烈地摇动起来。喜鹊们害怕极了，却又想不出办法，就只好聚集在一起，站在树上大声嚷叫："不得了了，不得了了，老虎来了，这可怎么办哪！不好了，不好了！……"附近的八哥听到喜鹊们叫得热闹,不禁又想学了,它们从山洞里钻出来,不管三七二十一也扯开嗓子乱叫:"不好了,不好了,老虎来了!……"

这时候,一只寒鸦经过,听到一片吵闹之声,就过来看个究竟。它好奇地问喜鹊说:"老虎是在地上行走的动物,你们却在天上飞,它能把你们怎么样呢,你们为什么要这么大声嚷叫?"喜鹊回答:"老虎大声吼叫引起了风,我们怕风会把我们的巢吹掉了。"寒鸦又回头去问八哥,八哥"我们、我们……"了几声,无以作答。寒鸦笑了,说道:"喜鹊因为在树上筑巢,所以害怕风吹,畏惧老虎。可是你们住在山洞里,跟老虎完全井水不犯河水,一点利害关系也没有,为什么也要跟着乱叫呢?"

八哥一点主见也没有,只懂随波逐流、人云亦云,也不管对不对,以至于闹出了笑话。我们做人也是一样,一定要独立思考,自己拿主意,不盲目附和人家。不然,就会像人云亦云的八哥一样可悲又可笑了。

小马过河的故事想必大家都不陌生。小马驮着半袋麦子去磨坊的路上被一条河挡住了去路。可是,妈妈不在身边,它不知道该怎么办才好了。就向旁边一头正在吃草的老牛询问,老牛说:"水很浅,刚没小腿,能蹚过去。"

正要过去树上跳下一只松鼠,拦着小马大叫:"小马!别过河,别过河,你会淹死的!"

小马吃惊地问:"水很深吗?"松鼠认真地说:"深得很哩!昨天,我的一个伙伴就是掉在这条河里淹死的!"小马连忙收住脚步,不知道怎么办才好。他叹了口气说:"唉!还是回家问问妈妈吧!"妈妈知道情况后对小马说,河水到底是深是浅,不能光听别人说,自己要动脑筋,要亲自去试试,就知道了。

小马听从了妈妈的话,小心地蹚到了对岸。他发现河水既不像老牛说的那样浅,也不像松鼠说的那样深。

小马在迷惑的时候有妈妈指路,是多么幸福的一件事情。然而每个人在人生的道路上,总难免有一段路程是需要自己独自行走和承受的,没有谁可以永远陪伴你,为你指点迷津,为你的理想导航,而独立思考的能力可以助你顺利

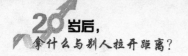

穿越黑暗和泥泞。

每个人在前进的路上都会遇到这样那样的问题和疑惑，也会听到各种各样的言论，但是并不是所有的善意的建议都适合自己，我们在听取别人意见的同时，一定不能忘了独立思考，不能抛开自己的实际情况，放弃亲自尝试。

巴金曾经说过："有些人自己不习惯'独立思考'，也不习惯别人'独立思考'，他们把自己装在套子里。"作为思考者的巴金，就是冲破"套子"的人，既冲破别人所设的诸多套子和禁忌，也冲破自己已有思想的樊篱，最终成为一代文学巨匠。

年轻人一定要注意培养自己的独立思考能力，通过自己的理解和思考得到正确的答案，形成自己独到的见解。

定规划时，想想 *10* 年后的自己

俗话说："凡事预则立，不预则废。"在一个人成长的路上，自己多年后成为一个什么样的人，是离不开合理的规划的。

早在周迅还在艺校上学的时候，她的老师曾经对她说过这样一句话："周迅，你是一棵好苗子，但是你对人生缺少规划，散漫而且混乱。我希望你能在空闲的时候，想想10年以后的自己，到底要过什么样的生活，到底要实现什么样的目标。如果你确定了目标，那么希望你从现在就开始做。"

在这之前，她从来没有想过自己想要什么，不知道将来要成为一个什么样的人。正是因为这句话，她如梦方醒，不再只满足于眼前的成绩，不再为一些小丫鬟小舞女之类的角色而沾沾自喜。开始认认真真地为自己的人生做了一个

规划,可以说这对于她后来的成功有着举足轻重的意义。

每个年轻人都有自己的理想和追求,但是在实现理想和追求的路上,最忌讳的就是盲目冲动或者因为认识不清现状而丢了自己,迷失了前进的方向。

在你立志要成为什么样的人那一刻,就要首先想想自己5年或者10年后的样子,想想自己究竟要变成什么样的人,这才能帮助你更好地认清自己和方向。

王远与朱海波大学毕业后一起去珠海工作。两人从小一起长大,大学时,王远考入珠海的一所大学,朱海波则在当地的一所大学念书。一晃,4年过去了。

两人揣着毕业证一起去珠海后,同时面试上了同一家公司做销售的工作,王远从进公司的那天开始,便在自己的卧室里贴了张纸条,上面写着:"5年后,我叫王经理。"朱海波每次看到这张纸条都会笑王远,笑王远有些不切实际,笑王远有些狂妄自大。

3年中,每当王远挥汗如雨在外面跑客户时,朱海波在屋子里吹空调;每当王远加班到深夜时,朱海波加班加点地打游戏;每当王远为了帮同事的忙,牺牲下班时间时,朱海波同网上认识的女孩海聊。

3年后,当公司举行大选,王远升任销售部经理时,朱海波才感觉到了后悔。3年来,总觉得自己过得潇洒,总觉得王远在浪费精力。直到现在,才明白,没有方向的人生如同烂泥,扶不上墙;没有方向的人生如同断线的风筝,没有方向。

人生是什么?生活又是什么?什么样的人生才是我们自己真正想要的?我们的人生之中,什么才是最重要的、最珍贵的?人与人不同,追求也各不相同,只有那些对自己的人生有过合理规划的人,才能更容易找到适合自己的更加完美的人生路线。

梦想也好,人生目标也罢,都不是一蹴而就的。任何一个人在不同的阶段,想要拥有的东西也不一样。对于那些临近毕业的大学生来说,能够在离校之后找到一份满意的工作,不至于出现毕业就失业的状况是他们想要的。无论处于人生的哪个阶段,都应该对自己有一个清楚的了解和认识。当你迷茫或者不知所措的时候,想一想自己10年后的样子,想一想自己10年后想要的生活,为

自己的航向定下一个基本的方向，然后朝着心中的那个位置，努力向前，根据现实的情况及时调整自己，这样才能最终实现自己的人生理想。

很多人在年轻的时候，根本就没想明白自己的一生究竟要怎样度过，没有想清楚这一辈子究竟应该做些什么，哪些才是自己最想要的。这其中一个重要的原因就是缺少合理的规划。一个不会规划人生的人，他的生活很容易变得一团糟，在该做什么的时候不去做，成功又怎么会青睐他？给自己树立一个目标，为自己的人生定一个规划，并且根据实际情况，及时调整方向，脚踏实地地走好每一步，并根据可能的变化规划自己，朝着10年后的你努力吧！

将长远目标分解为阶段目标

有人说过，有无目标是成功者与平庸者的分水岭，目标的重要性由此可见一斑。有很多20岁的年轻人，志向高远，有着较高的人生目标，但是，在奋斗的过程中，他们又突然发现原来实现目标的道路是这样的漫长，在这过程中会时不时地出现许多意想不到的困难，由于无法坚持而遗憾地选择了放弃或者退却。其实，无论多么高远的目标也是在实现了一个个小目标之后不断积累而成的。那些远在天边的巍峨的高山，也是在你一步步地攀爬中才得以有机会到顶峰的。

1984年，在东京国际马拉松邀请赛中，名不见经传的日本选手山田本一意外地夺得了世界冠军。当记者问他凭什么取得如此惊人的成绩时，他说了这么一句话："凭智慧战胜对手。"

当时许多人都认为这个偶然跑到前面的矮个子选手是在故弄玄虚。马拉松赛是体力和耐力的运动,只要身体素质好又有耐性就有望夺冠,爆发力和速度都还在其次,说用智慧取胜确实有点勉强。

两年后,意大利国际马拉松邀请赛在意大利北部城市米兰举行,山田本一代表日本参加比赛。这一次,他又获得了世界冠军。记者又请他谈经验。

山田本一性情木讷,不善言谈,回答的仍是上次那句话:"用智慧战胜对手。"这回记者在报纸上没再挖苦他,但对他所谓的智慧迷惑不解。

10年后,这个谜终于被解开了,他在他的自传中是这么说的:每次比赛之前,我都要乘车把比赛的线路仔细地看一遍,并把沿途比较醒目的标志画下来,比如第一个标志是银行;第二个标志是一棵大树;第三个标志是一座红房子……这样一直画到赛程的终点。比赛开始后,我就以百米的速度奋力地向第一个目标冲去,等到达第一个目标后,我又以同样的速度向第二个目标冲去。40多公里的赛程,就被我分解成这么几个小目标轻松地跑完了。起初,我并不懂这样的道理,我把我的目标定在40多公里外终点线上的那面旗帜上,结果我跑到十几公里时就疲惫不堪了,我被前面那段遥远的路程给吓倒了。

听过这样一段话,在现实生活中,我们做事之所以会半途而废,往往不是因为难度太大,而是觉得成功离我们较远;我们不是因为失败而放弃,而是因为倦怠而失败。在人生的旅途中,不管你的梦想有多高多大,懂得分解,懂得将长远目标分解为阶段目标,你的一生就能少遭遇许多懊悔和惋惜,赢得更多的机会和成功。

一口吃不成胖子,无论多么高远的目标也是在实现了一个个小目标之后逐渐完成的。在我们确定目标的时候,就应该朝着目标前进。但是,在短时间内实现一个伟大的目标是不现实的,我们只能选择一步一个脚印,踏踏实实地走下去。追求目标和上楼一样,如果不用楼梯,是很难从一楼走到十楼的,如果你急不可耐,想一下子蹦上去,那么结果只会是因无法跳到十楼的高度而放弃。只有一步一个台阶地走下去,才能顺利地到达目的地。踏踏实实地走着,每前进一步,达到一个小目标,就会让人体验到"成功的感觉"。而这种"成功的感

觉"就会强化和提高一个人的自信心，并且推动他朝着下一个目标前进。

小时候，尼克·亚历山大最渴望达到的目标是上学。他在孤儿院长大，那是一种老式的孤儿院，孤儿从早上5点工作到日落，伙食既差又不够吃。

尼克是一个聪明的小孩，他14岁就从中学毕业，接着，他进入社会谋生。

他所能找到的工作，是在一家裁缝店里操作一架缝纫机。14年来，他一直在那种环境下工作，不久，那家裁缝店加入了工会，工资提高了，工作时间缩短了。

尼克·亚历山大幸运地娶了一个女孩，她愿意帮助他实现上大学的梦想。但事情并不容易，到他们结婚之后没多久，店里开始裁员，于是这对年轻的夫妇决定自己去闯天下。他们把存款聚集在一起，开了一家"亚历山大房地产公司"。尼克的太太特丽莎甚至把订婚戒指也卖掉了，以便增加他们那笔小小的资本。

在两年之内，生意兴隆，于是特丽莎坚持让尼克去上大学。他在26岁的时候，得到了学位——这是人生道路上所抵达的第一个里程碑。尼克又回到房地产事业，成为他太太的生意伙伴。他们又有了一个新目标——海边的一幢房子，终于，他们也实现了那个梦想。他们有一个小女孩要受教育。如果他们能把他们商业大楼的分期付款缴清，把大楼变成公寓出租，收入的租金就能支付他们孩子的大学费用了，因为一心一意要达到这个目标，他们终于做到了。

亚历山大夫妇又在为他们退休保险金努力。现在尼克单独主持事业，特丽莎则照顾家。亚历山大夫妇过着一种忙碌、成功、幸福的生活，因为他们面前总是有一个目标，使他们的努力有一个方向。

大成功是由完成的小目标所累积而成的，每一个成功的人都是在达成无数的小目标之后，才实现他们伟大的梦想。不放弃，就一定有成功的机会，如果放弃，就已经失败了。不怕艰苦，不懈努力，迎接自己的便将是成功。

做任何事，只要你迈出了第一步，然后再一步步地走下去，你就会逐渐靠近你的目的地。如果你知道你要去哪里，而且向它迈出了第一步，你便走上了成功之路！

荀子有句话："积土成山,风雨兴焉;积水成渊,蛟龙生焉;积善成德,而神明自得,圣心备焉。故不积跬步,无以至千里;不积小流,无以成江海。"这虽然重在讲学习,但是在实现人生理想的道路上也是同样的道理,也是一个积累的过程,你的长远的目标也是在完成一个个小目标之后逐渐实现的。大成功是由完成的小目标所累积而成的,每一个成功的人都是在达成无数的小目标之后,才实现他们伟大的梦想的。

想干大事业的人,首先要做好小事情;想要实现宏大目标,先得从实现小目标开始。在你的大目标里设立小目标,就不会因为那些看似遥不可及的梦想而心生挫败以致疲累甚至放弃,人生就是一个不断设定目标然后不断实现的过程。当你的一个个小的梦想都慢慢变成现实的时候,那藏在心底深处的伟大目标也会在你的努力之后绽放出最美的花朵。

小公司的大空间和大公司的小空间比较

有人向往大公司稳定的薪水、完善的福利保障,有人则倾向于小公司的自由、舒适。其实,各有各的好处,各有各的弊端。

首先大公司相对于小公司来说,更加成熟,各方面也更加完善一些,我想这一点很吸引人。其次,在大公司工作,它能为你提供更多的培训机会,你可以在工作中不断充实完善自己,向更高层次进行拓展。最后,大公司能为个人发展提供更多机会,这也是小公司无法比拟的。

或许有的人会以为去一个大公司所站的起点不一样就一定好,其实这并不意味着,你在以后的日子就能比在小公司好过多少。

在大公司里，机构多、制度多、办事的人多，不同的人性格不同，职位不一，做事风格、工作方法各不相同，如果你不会"做人"，跟人家的关系处理不好，必然导致矛盾的产生和积聚。矛盾积累得多了就要加剧、泛滥，最终危害个人、危害团体，对公司造成不利。人人视你为"害群之马"，你在公司还能干长久吗？

相对地，在小公司里人少，组织简单，组织之间、人事之间相对单纯，人与人之间的矛盾尚未上升到成为焦点问题。所以，你只需好好做事，就是你的重要任务，只要能够把工作漂亮地完成，你就能被老板器重，成为公司里的顶梁柱。

大公司由于人事复杂，更在意的是你的执行力，而小公司却更能包容一个人的想象力和创造力。

其实，不管怎么选择，若是能将眼前利益和发展空间有机统一就能登上最理想的人生舞台。

闾丘露薇，就是这样一位文弱的女子曾经因为深入伊拉克战场上报道，被人亲切地称为"战地玫瑰"。在她的职业生涯中，曾经做过一个举足轻重的决定。

闾丘露薇曾经在香港最大的电视台工作，各方面相当稳定。在凤凰卫视中文台刚刚成立的时候，有个以前的同事希望她能去那里工作。听到这个邀请，她有些迟疑不决。因为那时候她刚刚生完孩子，如果换到一个刚起步的公司工作，是要冒很大的风险的。自己所在的电视台是上市公司，发展空间虽然小一些，但是非常稳定。凤凰卫视毕竟刚起步，可能会遇到很多意想不到的困难，但是机会会多一点，让每个人在那里都有较大的发展空间。它是以香港为基地，主要是面向内地的观众，而自己是在内地长大、在内地接受的大学教育，在凤凰卫视工作，对内地的文化和背景的了解成为了优势，这是别的香港本地人做不到的。最重要的是，她相信，凤凰卫视的定位一定更适合自己将来的发展。经过这样的比较和分析，她很快做出了决定，接受了那位同事的邀请，选择了后者，成为凤凰卫视的记者。从后来的发展中，也证明了她的选择是完全正确的。

其实，每个人都会走到人生的十字路口，不知道下一步该往哪个方向走。尤其是在面对多个机会光顾自己的时候，不知道如何选择。是要去一个名气很大的公司,还是在一个默默无闻的企业,相信很多年轻人在职业规划的道路上都有可能面临类似的困惑。

每个公司都有自己的优势,每个人也都有自己的长处,不管怎么选择,只需明白自己最想要的是什么,就可以勇敢地迈出自己的脚步。

小李以优异的成绩毕业于名校,又有着丰富的实践经验,在刚开始的一段时间为了自己能够挤进大公司而焦头烂额。在求职的过程中,他发现那些知名大企业的招聘展台前,你连挤进人群到面试官面前露个脸的机会都不容易得到。后来,身边的同学许多都选择了进中小公司,他却还是"坚守阵地",现在,他们中的相当一部分人都得到了不同层次的晋升,而他则开始怀疑自己当初的选择是否正确。

年轻人,志向高远没什么不好,但是像小李这样的人不在少数,向往大城市里的大公司,以为一旦进去就前途无量,在众人面前也显得光鲜亮丽了不少,仿佛能够进入一家大公司可以更好地证明自己的实力与资本。大公司的好处固然多多,但竞争也是相当激烈的,在一个大环境中成长,所需要的磨合期也会更长。如果无法适应这样的环境,倒不如在小公司发展得顺心顺手。虽然有时候小公司的薪水没有大公司那么诱人,但至少这对初涉职场的年轻人来说也是弥足珍贵的一笔财富,抓住机会好好磨炼自己,来日就是你走向更高起点的资本。

年轻人在面临着机遇的同时,也必定要承受一定的压力。每个人都希望能找到一份自己既感兴趣又可以充分发挥自身潜能的工作,但是对于那些刚刚走上社会的年轻人来说,更需要的是想办法让自己成熟起来,尽快适应这个社会。你在实际的工作过程中,会对自己有一个更为清楚的了解,明白自己的优势所在,更将清楚自己最需要的是什么,最感兴趣的是什么。这个过程将为你以后的人生职业规划提供重要的参考。

因此,在找工作的时候,能够进入一家大公司相比之下并不是难事,难的是你如何将这碗饭吃得更有味道和更持久;能在一个小公司施展自己的才华,

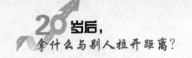

也非难事，难的是你能否耐得住当别的机遇和利益袭来时，你能否坚持自己的选择，站稳脚跟，顶得住诱惑。

不管是在大公司还是小公司，要想让自己出类拔萃，就要把自己融进那个环境。有的人天性喜欢自由受不了规章制度的约束不会跟人相处，你把他放在大公司里一定很难受，即便有能力也发挥不出来；有的人专业技术不行，但是处世圆融，你若把他放在更重效益的小公司里，如果他却没有能力帮助公司赢利，也早晚是要离开的。

大公司有大公司的章法，小公司有小公司的规矩，最关键的是要找到一份最适合自己的工作，只有最适合的才是最好的，也才能更长久地干下去，找到那片最适合自己的舞台。

做好你的第一份工作

有人把第一份工作比作初恋，不管之后你要遇上什么样的情人，初恋总是那么地让人难以忘怀。它留在你脑海中的记忆总或多或少地会影响着你以后的生活。正因为如此，认认真真地做好你的第一份工作在你整个职业规划的道路上有举足轻重的作用。

对于刚刚走出校门不久的年轻人，如何做好第一份工作呢？

1.做好角色转变的准备

很多人在毕业之后走向社会时所面临的首要问题就是无法适应角色的转变。昨天还在校园里和同学们嬉笑打闹，今天就要规规矩矩地坐到办公桌前，从一个没有工作经验的学生转变为一个职业人，这的确是需要一段的适应期的。可以说,适应期的长短,适应能力的强弱决定了你职业发展的顺利与否。

因此,每一个即将走向社会的年轻人都要提前做好转变角色的准备,有意识地为以后的发展储备能量,这样在事情来临的时候才不会不知所措。

除此,当你走上第一个工作岗位后,一定要抛开好高骛远的毛病。要知道理想和现实是有差距的,但是不能因此就否定自己所做的工作。作为一个新人,一定要做好自己分内的事情,在适当的场合表现一下新人应该表现的角色。你的付出一定会让你比他人得到更多的机会。

2.不为生活琐事所累

学校生活是无忧无虑的,很多事情都用不着自己操心。但是工作后就不一样了。日常琐事、吃穿住行没有一样不需要你的计划和协调,只有培养出良好的协调能力才能不至于在工作中被累垮。

浩然学的是中文专业,毕业后去了深圳一家出版社做编辑。为了应对高昂的房租带来的压力,他在郊区租了一个住的地方。每天上班需要花近两个小时,一来一回就是将近 4 个小时。这在不少人看来真是折腾得不轻,但是浩然却没有抱怨过。这是他毕业后第一份正式的工作,和他的专业也对口,又是他感兴趣的,在工作中,他严格要求自己,一心扑在了工作上,从不会因为上下班的不便而将种种烦恼情绪带到工作中来。

浩然深深明白,第一份工作对自己的重要性,要让自己尽快胜任这份工作,至于生活方面的事情则是本着一个简单的原则去处理。

3.尽快融入公司文化

每个公司都有自己的企业文化。只有尽快了解公司的情况,尽早融入到这种独有的氛围与文化中,才不至于让自己的行为看起来与周围格格不入。

星巴克咖啡自 1971 年西雅图的一家街头小咖啡馆开始,发展到今天拥有遍布全世界 39 个国家和地区的 1.3 万家咖啡店,除了它在打造其品牌上有独到策略之外,团队建设是它维持其品牌质量的至关重要的手段,也是该公司不可替代的竞争力所在。以商店为单位组成团队,星巴克倡导的是平等快乐工作的团队文化。星巴克对自己的定位是"第三去处"，也即家与工作场所之间的栖息之地，因此让顾客感到放松舒适、满意快乐是公司的愿景之一。与大多数企业不同，星巴克从不强调 ROI（Return for Investment），即投资回报，却强调 ROH（Return for Happiness），即快乐回报。他们的逻辑是：只有顾客开心了，才会成为回头客；只有员工开心了，才能让顾客成为回头客。而当二者都开心了，公司也就成长了，持股者也会开心。

每个员工在工作上都有较明确的分工，比如有的专门负责接受顾客的点菜、收款，有的主管咖啡的制作，有的专门管理内部库存，等等，但每个人对店里所有工种所要求的技能都受过培训，因此在分工负责的同时，又有很强的不分家的概念。也就是说，当一个咖啡制作员忙得顾不过来的时候，其他人如果自己分管的工作不算太忙，会去主动帮忙缓解紧张，完全没有"莫管他人瓦上霜"的态度。这种既分工又不分家的团队文化当然并不是一蹴而就的，而是有针对性的强化训练的结果。

当你了解了所在公司的团队文化，才能更好地与之相融，融进去之后才能有针对地做好自己该做的事情。

4.不要寄希望于频繁地跳槽

有人说过："第一份工作并不一定完全凝集了你的人生理想，但至少可以是你人生事业的起跳点或转折点，它可能是试金石也可能是敲门砖。"

小吴毕业之后很容易地找到了一份工作。但是上班不到两个月，迟到就成了家常便饭。一开始对工作的激情很快变成了敷衍了事，对领导交给的任务也是草草应付了事。她觉得由于种种原因，她对眼前的工作已经没了什么动力。为了改变这种现状，小吴决定辞职去找下一份工作。

每个人都对自己的将来有过大致的规划，都期待着能够有更好的机会，找到更好的工作。但是千万不要因为个人期望过高，而轻易地放弃第一份工作。对于每一个初涉职场的人来说，或许都经历过那种因为现实与期望之间有太大的落差而带来的痛苦，从而企图通过跳槽，但是通过换一个工作来化解这种痛苦的做法是不可取的。

年轻人正处在一个积累的阶段,不管是资历还是经验,如果你在一个公司只待了短短的几个月,那是很难学到更多的东西的,更别说去深刻了解某一行业、某一项目的运作模式了,对于自己人际关系的积累也是一种极大的摧残和浪费。

其实工作没有好坏之分,同样都是凭借着自己的能力和智慧在奋斗着,要靠自己的双手去创造一次次的成功。年轻人不但要有十足的干劲,更要有干一行,爱一行的执著。当你认定了一条路,就应该踏踏实实地走下去。频繁地跳槽或许可以让你得到更好的机会,但是却不能保证在另一个机会来临的时候,你能经得住诱惑,坚定地走在通往成功的路上。

当你离开校园,走进职场的那一天,就要告诫自己,一定要认真对待自己的第一份工作。或许,最终把你推向成功巅峰的并不是你的第一份工作,或者你以后所要长期从事的事业和你的第一份工作有着天壤之别,但是做好你的第一份工作,却是你自己给自己上的最好的一课,从中你将懂得走好人生第一步的重要性。

吃"青春饭"不是长久之计

"青春饭"就是指靠容貌吃饭的职业。虽然说如今的青春饭早已经不同于传统意义上的"青春饭",然而它挥洒的也是年龄、体力和精力。当青春不在的时候,也要另谋出路。它丰厚的回报对很多年轻人有着极大的诱惑,然而它的短暂性也是年轻人所面临和应该考虑的问题。如何在竞争日趋激烈的今天,在

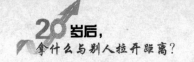

青春逝去之后不被社会所淘汰，这是一个值得所有年轻人好好思考和把握的问题。

菲菲，27岁，在一家广告公司做前台4年，4年间，菲菲一直做着接电话、收发信件的工作。期间，有朋友劝菲菲跳槽换工作，公司也和菲菲谈过，让菲菲进入行政部做行政秘书。可是菲菲每次都以"我现在过得挺好的"回绝了。

4年后，当公司因为效益不好，需要裁员时，菲菲才开始着急了。终于，裁员名单下来了，菲菲是第一个。当菲菲走出公司，站在偌大的城市中时，才感觉，自己是多么渺小，自己为了图一时的轻松耽误了一生的前程。

如今，青春饭的职业类型多种多样，有这种困惑的年轻人也不在少数。只是有的人明白自己以后该做什么，而有的人却被眼前的好处和丰厚的利益蒙蔽了双眼，而忘记了这些收获只是暂时的。身处其中的年轻人应该具备更为长远的眼光和出色的职业规划能力。对于年轻人来说，每一份工作都是经验积累和自我提升的过程，无论你当前的职位多么低微，汲取新的、有价值的知识，对于将来的发展都是大有裨益的。

随着经济的发展，职业的划分更加明确，对从业人员的要求也更高，一些行业也就要求更多的年轻人参与，而这些年轻人的工作往往是被选择，因此，怎么去把握、规划自己的职业尤为重要。

身在职场的年轻人，应该明白，吃"青春饭"绝不是长久之计，花无百日红，人的一生又能有几个年轻的5年或者10年等着你，几年的青春一晃而过。年轻人在刚参加工作的时候就要注意好好规划一下自己的未来。就算是当前你是靠青春饭而活，也要清楚自己是谁，弄明白自己适合做什么，等到某一天，你不再有吃青春饭的资本，你的人生也有另一番值得挖掘的价值和意义。

很多青年在职业生涯的早期会选择"青春饭"，但随着他们的日益成熟，变换职业或工作岗位在所难免，这很自然，无须恐惧。毕竟，一个人早期的选择不可能永远决定未来的职业生涯。人生每一个发展阶段都会有独特的兴趣，年轻人应根据自己的年龄和兴趣，选择最能满足自己需要的、最适合自己的新工作。只不过，未雨绸缪方能从容镇定，这种变换应该是自己的主动选择而非青春流逝的不得已。

有些职业本属"青春饭"，但也许会随着行业的发展而不再为青春所独占。不管是经历了风雨磨难还是品尝了欢乐幸福，你的工作经历都是宝贵的财富。懂得隐忍和坚守的人，才能将危机转化为契机，找到未来的发展方向。如果你的职业属于"青春饭"，在平时应该注意多汲取一些行业的知识，并考虑业余时间兼职，为自己转行或者创业积累资本。

30 岁之前，一定要选择一个行业稳定下来

很多人在内心深处都曾经勾画过这样一幅愿景：20 岁吃苦受累，是为了 30 岁不再流汗流泪，40 岁就可以收益成倍，50 岁光荣引退。那么在以后的日子里，就可以实现安享晚年，或者是去实现年轻时没有实现的梦想，实现当年因为没钱没时间周游世界的愿望。倘若人的一生真能够这样，倒也算是精彩圆满了。

然而，不少人在年轻的时候，不知道走了多少弯路，在稀里糊涂或者盲目忙碌中走到了 30 岁的门槛，回头一看，才蓦然发现，原来一路走来，什么都没有留下，本该三十而立的年岁却仍然一事无成。当然，不能否定，也有很多的人是在过了三十而立的门槛之后才逐渐事业有成的，但是一个人如若不能在 30 岁之前认定一个行业，而是朝三暮四，盲目冲动，就算有再多的愿望和理想也无非是空耗一腔热血而很难变成现实。

你是不是也发现，对于那些 30 岁以后的人来说，如果之前没有努力和积

累,不能戒除浮躁,不能踏实做人做事,能够找一份体面的工作也是难上加难。30岁的人或许已经不再像20岁的时候那样因热血沸腾而盲目冲动,早已退去了20岁的青涩和幼稚,30岁的人也在艰难地选择和被选择着。在我们周围,这样的例子不胜枚举,如果你此刻正处于朝气蓬勃的二十几岁,如果你的头脑中对于未来还没有一个清晰的规划,那么下面的话也绝不是危言耸听。

有人曾总结了30岁的在职人士的如下几大困惑。

1.个人问题悬而未决

虽然说,在很多年轻人看来,告别单身只是早晚的事情。然而不管是未婚还是已婚,都各有各的难处。有的人结婚之后会因担心影响自己的职业发展而暂停生儿育女的想法。有的人虽然有年龄的压力,但迫于竞争的激烈,只好牺牲了谈恋爱的时间。

2.家庭事业两难

事业和家庭似乎真是鱼和熊掌不可兼得,双重角色难以平衡。一方面工作要求自己尽心尽力,同时,家人也需要自己的照顾。如果两方面没有好好平衡,爱人就有红杏出墙的可能。

3.遭遇职场天花板

当在职场中自己拥有了一官半职,想着更上一层楼的时候,却遭遇了职业发展瓶颈,如同盒子里的跳蚤,四处碰壁。拿女性来说,30岁的女性似乎已经没有吃"青春饭"的本钱。特别是结婚生子后,家庭的重担不允许她们再陷入无休止的职场厮杀。在她们眼里,继续待在目前的公司,与其说是在等待晋升的机会,倒不如说是一种习惯使然。

4.职业倦怠、职业枯竭

在一个岗位上待了好几年,工作容易失去动力和激情。特别是银行、工厂技术员等同数据打交道的职业,更容易出现职业倦怠的情况。每天重复同样的事情,生活没有改变,工作没有创新,这一方面消磨人的壮志,另外也白白浪费了年轻人职业生涯的发展黄金期。

每一个想成功的人，都应该结合自己的特长给自己的职业作一个规划。当对职业定位困惑的时候，不妨眼界放开阔一些，适时开辟其他战场，你要能及早意识到自己的人生目标，明确自己将要走一条什么样的路。

不管你目前担任什么样的角色，清楚自己的长处何在对成功很重要。一定要**投**入你所喜爱、能有所发挥的强项，做自己最擅长的事情，并扬长避短从事好自己的职业。给自己一个清晰、科学和客观的职业定位，评估一下自己的职业气质、职业兴趣、职业倾向、职业能力和职业潜力等，然后以此为目标，使未来的职业处于稳步向前发展的状态。

二十多岁的时候，你可以有很多想法，因为身处一个躁动的季节，你可以有很多冲动，因为它本就该是热血沸腾的年岁。但是如果你在二十多岁的时候能够多一些成熟和淡定，那么 30 岁的时候就可以少一些不安和动荡。在而立之年到来之前，选定一个行业，立下一个目标，踏踏实实地朝它奔去，那么当你真正跨过那道坎的时候，你会发现正因为自己有了之前的努力，之后的脚步才能迈得更为坚实和有力。

改变格局的抉择力
——人生的决定，别让别人帮你做

　　有些年轻人会认为成功是因为有好机遇，是上天的赐予。其实机会是一个是在半空的金苹果，你不跳起来去摘，它不可能正好落进你的篮子里。

　　面对生活中出现的种种机会，你应该努力注前站，勇敢地接受机会的挑战。这小小的一步，加起来就是你的一生，而生活中失意者与成功者的分界，也正在于此。

20岁不拼搏,属于你的位置会跑掉

人生的道路不会一帆风顺,也不会永远宽阔平坦,总会有泥泞与沼泽,如果不能迎头搏击,注定不会走得太远。人生就是行动,人生就是拼搏。一切真善美的东西都是通过拼搏而获得的。

有这样一个人,他的一生经历了不少苦难,因为对人生有很深刻的体会,他倍加珍惜眼前的时光。

他年轻的时候从过军,那时候当兵在人们的眼中是一件很光荣的事情,到部队之后,他成了军区的一名无线电监听兵。在部队里面干了8年后,他转业到核工业部工作。当时别人都羡慕他的工作,觉得他捧的是金饭碗,可他却在这时作了一个决定——考大学。他白天在单位工作,晚上回宿舍后就开始复习功课。经过一年的刻苦努力,他被省钢铁学院录取,读的还是他热爱的老专业——控制仪表制造。在大学里,他学到了最专业的理论知识,这为他日后的工作和创业打下了良好的基础。

大学毕业后,他被分配到核工业部仪表总局某厂工作,从技术员一直做到新产品开发实验室的主任。当其他同事都认为他会沿着这条路一直走下去时,他又作出了一个出人意料的决定——辞掉主任职务,到深圳去闯一闯。刚来深圳时,条件很艰苦。他在一家企业打工,每个月光加班费就超过了2000元。那时候当别人还在为万元户拼搏时,他已经是身价几十万的打工仔。

有了这第一桶金,他开始琢磨创办一家自己的企业。几年后,他在武汉成立了一家仪表研究所。当时的武汉,重工业发达,科研院所众多,他正是看准了这个优势。两年后,他组建了自己的公司。当时,在工业自动化领域,进入产业阶段的公司不超过 5 家。公司刚成立时,遇到不少困难,比如人才缺乏、经验不足等,但都在探索的过程中解决了。

现在,他所在集团的超声波流量计等产品受到国内外同行的重视,自动化设备正慢慢打开国际市场。

这个人就是泰隆尔测控集团总经理梁斌。如今,他已过知天命之年。他总是以自己的人生经历告诫自己的员工:"年轻莫图虚华,要知进取,这样才能成就一番事业。"他的目标是,在德国的法兰克福成立公司,让打着中国烙印的自动化设备真正走向世界。

梁斌的经历见证了年轻进取才能拼出一片天这样一个铁的事实。

每当我们看到夺冠的运动员从颁奖者的手中接过奖杯的时候,我们就会情绪激动,心里想着:怎么是他(她)而不是我呢?每当我们听到某某富翁又赚了多少多少巨额财富的时候,我们同样会立刻热血沸腾,心也难以平静:要是我赚了这么多钱该多好啊!总之,让我们向往,让我们渴望的事情实在是太多太多了。我们羡慕着拥有财富,我们期盼事业成功,我们希望着自己出类拔萃……可是,又有谁想过,每一个成功者在他光辉与荣耀的背后,又付出了多少常人难以想象的艰辛和泪水?

李嘉诚少年时期因家乡动乱举家逃到了香港,到香港后不久他的父亲就因病去世,这使他的家庭陷入了极其艰辛的困境之中,但李先生没有委靡不振,反而工作得更加勤奋刻苦。而且在每天工作 16 个小时之后,还要努力地去学习知识。后来,李嘉诚先生自己创办长江塑料厂,在他一连串不懈的拼搏奋斗之下,一个小小的厂子发展成了全球举足轻重的长实集团,而且还以控股的方式控制了几家在世界上赢利都很丰厚的大公司。

还有中国台湾的台塑大王王永庆先生,早年曾在一个米店打工,后来自己也创业开了个米店,又投资了木材生意。经过了更多的奋斗之后,王永庆先生以 50 万美元的资金创立塑料工业股份有限公司,公司在初期也遇到了很多困

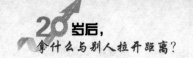

难，但王永庆始终都以过人的胆量和大无畏的勇气带领众人锐意进取，终于使台塑集团越发展越壮大，目前，台塑集团已成为全球华资中最为庞大的实业机构。一些成功人士在其他领域获得的成功，也都是靠顽强拼搏换来的……无数的实例证明，任何人要想获得成功，都得顽强地拼搏奋斗，只有爱拼才会赢！

每个人在年少的时候，都会有一个梦想：我长大以后，要做一名优秀的飞行员；我长大以后，要做一个最为杰出的将军；我长大以后，要成为……可是很遗憾，这种豪情壮志在岁月的流逝之中竟变得日渐缥缈，以至在走上社会之后就无影无踪了，最后我们只为生计而操劳奔波。人是首先要生存下来，但是在艰难困苦之中，也不要淡化你的志向，更不要丧失向困难斗争的勇气。不经一番寒彻骨，哪有梅香扑鼻来？任何一个人的成功，都不是偶然的，都是用艰辛的代价换来的，都是大干一番拼来的。若身处逆境之中，我们就要不断地磨砺自己，使我们的斗志不是逐渐减退而是日益增强，然后冷静沉着地向每一个困难发起攻击。如果你在某一个方面感到有压力，你完全可以多花些时间去做，多去请教请教别人。只有找到了症结所在，困难才容易解决。

有这样一个出身于打工仔的年轻老板，才刚刚20二十出头，就已经拥有了一个年营业额有好几百万的贸易公司。当别人问他："你怎么这么能干，这么年轻就开了一家公司？"他说："你知道我吃了多少苦吗？我当初来广东的时候，曾经沦落到三天只吃一包泡面，晚上睡到大马路边的地步。但我始终都没有放弃我的梦想。我在厂里打工的时候，工作特别繁重，但我还是咬紧牙关努力把它做好。虽然这对别人来说感觉是挺苦的，但对我来说，却使我养成了能吃苦耐劳、敢拼敢干的习惯。今天，不论遇到任何困难，我都能够勇敢地去面对它，想方设法地去解决它。"

想想这个年轻老板的话，你会更加明白，如果你不屈不挠地同苦难作斗争，你就会成为一个勇往直前的斗士，如果你遇到问题就逃跑了，那你就是一个百事不成的懦夫。困难就向一条恶狗，你若是逃跑，它就猛追着你咬；你若是转身迎头痛击，它就会被你打倒在地或是落荒而逃。我们在前进的道路上永远都不要向困难低头,要坚决地勇往直前,只有这样,成功才可望又可即!当然,爱拼并不是盲目地去拼,不讲策略地去拼。能强攻,还要能智取。遇到问题的时候,首先要冷静沉着地分析一下当前的客观形势,然后从问题的薄弱环节入手,争取在最短的时间内以最小的代价冲破难关。另外,要善于总结经验教训,每拼一次,都要使自己的能力和智能提升一节。这样,就可以少走一些弯路,少损失一些力量,尽快地到达目的地。

人生的道路长又长,希望每一位朋友在前进的过程中都能好好地把握自己,抓住生命中的每一个机会,磨炼自己,提升自己。有困难袭来的时候,不要逃避,也不要退让,要毫不畏惧地面对它,主动向它挑战,用自己超人的能力和智能克服一切阻挠,使自己成为一个勇敢的人,一个事业成功的人!

有时候短短的三年五载就可以让彼此拉开很大的差距。诚然,这种差距很多时候和机遇、运气或者是家庭背景等多种原因有关,但是其中个人拼搏才是最主要的。泰戈尔曾经说:"你应该不顾一切纵身跳进你那陌生的、不可知的命运,然后,以大无畏的英勇把它完全征服,不管有多少困难向你挑衅。"

只有经过努力,为自己想要的东西争取奋进,才有可能更好地为自己的人生定位,才能在这个位置上做得更加有声有色。

清楚自己该做什么,而不是让别人告诉你

如果在迷惑惶恐的时候,能有人为我们指路,那是我们的幸运;如果没有,自己也应该清楚地知道自己该做什么,不该做什么,明白自己最需要的是什么。别人的建议固然重要,但是不能将希望永远寄托在别人的身上。毕竟,很多

时候，只有自己最了解自己，最清楚自己内心的想法和渴望。

小杨原本是位简单快乐的女孩，在学校的时候也一直是大家眼中的高才生。她喜欢读书，学习非常刻苦，喜欢独来独往。

小杨是在沿海小城读的大学，专业是国际贸易与经济。毕业之后，在那个美丽的小城市，她很快就找到了一个和本专业对口的工作，是在一个进出口的外贸公司，很多同学都因为过不了英语这关而与外贸无缘。开始的时候，小杨在公司负责采购，后来机缘巧合，就顺利做上了外贸。说是做外贸，但由于公司的效益并不好，她在这里几乎没什么太多的事情去做，虽然每天都很轻松，工资对于一个刚毕业的学生来说已算不错，但是这份工作只持续了一年，她就离开了。

辞职后的她，带着不足千元的积蓄，毅然踏上了开往上海的列车，终于实现了自己毕业时候就有的想法，那就是到大城市去为自己的理想拼搏。

上海之行，还算得上顺利，在到达之后的第一周就顺利上了班。然而很多时候，顺利似乎为日后的不顺利埋下了伏笔。她仅仅在这个公司做了两个月，就因为公司里老板和另一个外贸业务员的矛盾而离开。似乎她的到来，其实就是老板的一个棋子。但是很幸运，她的第三份工作在辞职不到一周就找到了。而且和这个老板合作得非常好。工作环境在上海市内的大厦，薪水要是那个小城市的3倍，而且她来后一下子就成了公司的主力。公司老板说刚开始做外贸，直到后来她才通过和老板的聊天中得知，公司做了两年外贸，前面有四五个人做了，但都没有做出什么成绩。一个大办公室里员工就她一个，她提议让老板多招聘几个员工，那样会让公司发展得更好。她拼命工作，8个小时的工作时间，她能待在电脑前10个小时不动。每天忙着找客户拉订单，发邮件和客户联络，还要找供应商谈价格，发国际快递，出货，等等。她来公司不到两个月，就拿到一个新加坡客户的大订单。这让老板和他的合作伙伴非常高兴，还请她去上海非常高档的酒店吃饭。总之，她就像在上学时候对待学习一样，全身心投入公司的发展。在那份订单签订后不久，又有一个美国客户的小订单，不过老板的利润很高，所以也赚了不少。

然而所有的一切，在春节之后似乎都发生了变化，最大的变化就是自己的情绪开始摇摆不定，从家里回来之后，她的激情没有这么高昂了。

过了春节，从家里回来上班，空空的大办公室里总是她一个人忙活，其实，如果她不想忙，不去自己找事情做，她可以比任何人都清闲。但是因为要对自己负责，她不想那么混日子。现在的她每天都在思考，难道就这样工作下去吗？她多么希望别人能告诉自己该怎么应对接下来的一切。她想改变现状，但是不知道怎么做。她甚至不知道自己每天都在做什么，都在为什么而忙碌。

年轻人，当双脚离开了学校那片土壤，真正要投身社会的时候，往往会有些不知所措。习惯了那种走路被人牵着的无忧无虑，习惯了被别人安排的轻松自得，因此当真正需要一个人独自面对选择的时候，不知道何去何从；面对得失，不知道如何取舍。当你将自己的疑问，向一千个人求助的时候，你得到的可能就会是一千种不同的答案。每个人的环境、阅历不同，对生活的感悟也必然各异，别人的建议可以参考，但是不能作为自己选择的重要指标。适合别人的，不一定就适合自己。一个人究竟要走一条什么样的路，最终的选择权还是在你自身。

鲁豫说："喜欢做一件事，付出多少都不会觉得是付出，因为喜欢。"一个人真正的成功，最大的幸福就在于：知道自己该做什么，朝着一个方向努力，去收获属于自己的硕果。

要发光就要找到合适的位置

常言说得好:垃圾,其实只是放错地方的宝。还有人说,垃圾是放错了地方的资源。不管是宝也好,是资源也罢,这说明,当将一种物质放到合适的位置上,就能将其自身的价值发挥到最大。

日食,当月球运行到太阳与地球之间的时候,这时候对地球上的部分地区来说,月球正位于太阳的前方,太阳的一部分或者全部的光线就被月球挡住了,这个时候的太阳看起来就像是一部分或者全部消失了,这种现象就是日食。

这是天体的运行规律,由于位置的变化,而出现了不一样的天象。光芒四射的太阳,也会有被掩盖的时候,其实,人也一样,只有在一个合适的位置上,才能发出最大的光和热。

人,只有在合适自己的位置上才能发光发亮。有个市井之徒,一次偶然的机会,当上了人人羡慕的驸马,攀上了高位,但是他不喜欢,也发现自己没有能力将这个驸马做好。他喜欢的事情是调酒,无论多辛苦多劳累他都愿意去学习、去思考、去尝试,并且他也很有这方面的天赋。当他在从事自己喜欢的合适的工作的时候,浑身散发出来的那种自信和快乐让他整个人都焕发着一种耀眼的光辉,让人舍不得移开眼睛,那个时候的他也许是他最耀眼的一刻。

不论是谁,只有在自己最适合的位置上,才会散发这样耀眼的光芒。只是人往往都不知道什么才是自己适合的,看到了别人的光辉,就以为自己也会有这样的光辉,于是愚蠢地、盲目地去追随别人的后尘,模仿着别人,然后幻想着自己在某个时候也会散发出耀眼的光辉。有了点光,也是无法和别人相提并论的亮度,毕竟人为的日光灯和太阳的自然光芒是无法相提并论的。

有些人知道自己最适合什么位置,但是他却选择回避。最适合的也许不是自己最喜欢的。人总是给自己一些束缚自己的条条框框,把自己关在层层限制之中,坐井观天还以为自己了不起。

其实,人一生下来,就已经有了位置。比如上学时,位置就非常明确,哪班哪组哪号。你的志向,你的兴趣,你的抱负,你的环境,等等,也决定着你的位置。

人生,最重要的就是要找到自己的位置。知道自己处于一个什么样的位置,这很重要。不同的人对于位置的理解是不一样的,有的人认为位置就是职位,有的人认为位置就是地位……

一个人如若找不到属于自己的位置,那是最尴尬不过的事情。其实这个社会肯定留有每个人的位置,但如果自己不确定或者没有找到自己所处的位置,那就会有一种巨大的恐慌感,甚至可能摧毁一个人的意志。

位置是静的,人是动的。尽管每个时刻人都处在某一个位置,但这个位置并不一定是最适合自己的。因此,最重要的两件事是确定目前自己的位置,然后寻找更合适的位置。位置的占有,与时机很有关系。在时机面前,有时需要果断。

人的位置是由低到高,循序渐进的。每个位置上,应有每个位置的表现,不可逾越。首先要在当前的位置上积蓄力量,力量还不够就不能动,不要逞能。等到合适的时机出现,也积蓄了足够的力量,这时就应该果断地脱颖而出了。因为这个时候,你已经完成了准备,进退有据,即或前进,也不会有过失和灾难。当然不要超越自己的极限,因为盈难以持久,满则招损。应当遵循自然的法则,顺其自然而变通,不可争强好胜,刚柔相济才能安全吉祥。

人处的位置太高,往往他也就不高了。因为有下面,才有上面。如果你在很高的地方,已经脱离了“下”,已经没有对应,没有参照,你就无所谓“高”了。太高了就等于不高。高高在上,脱离民众,失去了辅佐,便会后悔。

人生在世,位置每个人都占着一个。但那个位置是不是你应该占着的呢?那就得看你的能耐和你的志趣了。你有了位置,占得好不好,就看你如何努力了。

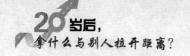

如果你想得到好位置，那你要抓住时机。就像聚会，去早了你会孤零零地在那里无所事事；你去晚了，有可能找不到位置；如果你德行出众，人家可能会为你让出最好的位置。

真正属于自己的位置，是那种不需要付出太多的勉强、不需要承受太多的压抑的地方，是那种可以实现自己的人生价值、可以实现自己的梦想的地方！人活一世，最大的失败是无梦，最大的幸运是灵魂里有梦的牵引。

社会的残酷性，也许只有经历的人才知道。所有的挫折磨难都会锻炼我们的意志，丰富我的思想。只有内心强大的人，才能坚守在世界之巅，无怨无悔，才能在浮躁喧嚣的现实世界，坚守心灵的纯净。在前行的旅途中，难免会有迷茫，会迷失方向，难免因为种种原因而找不到自己的位置，但是无论如何，要记得最初的梦想，让自己的航向不要偏离了最适合自己的航道。无论是谁，只有在合适的位置上才能发出最璀璨的光芒。

社会不会等待你的成长

大学和社会仅一步之遥，或者只是一门之隔，但是社会和学校很不一样。在学校中，有教育你的老师，我们可以慢慢地学习，慢慢地长大；而在社会中，生活就是最好的老师。学校帮助我们成长，社会逼迫我们成长。

有一个刚刚毕业的高才生，顺利地找到了工作，但是后来在和朋友的聊天中，他倾吐了自己是多么的孤单和无助。每当想起，曾经和同学一起打球、聚会、喝酒的日子，他就沉浸在其中无法自拔。再看看眼下的生活，什么事情都要一个人去独自面对。一个人吃饭、走路，一个人哭，一个人笑。

每天下班坐公交回去,看着窗外美丽的夜景,都有种一切繁华与自己无关的悲凉感,正应了那句话"热闹都是别人的"。一个人走在陌生的城市,听到的只有自己孤单的脚步声。要是遇到什么不顺利的事,心都酸了,备感失落。在学校里无忧无虑的生活的确很让人怀念,他讨厌现在这种什么都要自己去做的状态。曾经多少次,他在内心呼喊着:要是不用长大,该多好啊!

每个刚刚毕业的人,都不可避免地会遇到这样的事情,每个人的一生中都会有独自面对人生的时刻,都会有一段路需要我们独自走过。但是我们每个人又不能永远地生活在自己的空间里。只要我们进入社会,无论自己是否想长大,是否已做好准备,是否能独立,很多时候都不得不去面对生活的挫折、人际关系的复杂、自身能力的局限,等等,我们无从选择。

在这个人才济济的时代,社会根本就没有工夫和耐心慢慢培养你。如果我们成长得太慢,很可能就会在某一领域被淘汰,被那些比我们"成熟"的人所替代。你不行?你不愿意?你不喜欢?没关系,换人吧!这就是现实。

社会不会等待你的成长,不要企图有多么好的差事等待着你。只有当你成长到了一定的程度,社会才会接纳你。有很多年轻人抱怨自己学有所成却总是得不到用人单位的认可;也有很多年轻人抱怨自己运气不佳,总是找不到理想的工作;更有一些年轻人终日愤愤不平,与自己同时走出校园的同学为什么能很快得到提升,而自己还在原地踏步。

一天到晚只会抱怨的人,必定是不成熟的人。当你知道自己应该如何去面对社会,如何快速地适应社会后,你就没有时间去抱怨了。

社会不会等待你的成长,如果自己不去努力适应,结局只会更惨。

有人做过这样一个实验:将一只凶猛的鲨鱼和一群热带鱼放在同一个池子里面,然后用强化玻璃将池子隔成两半。热带鱼在东边的一半,鲨鱼在西边的一半。实验人员每天都在东边的池子中投放一些鲫鱼,所以鲨鱼也没缺少猎物。

最初,鲨鱼并不甘心只是拿鲫鱼来填饱肚子,它对西边的热带鱼垂涎得要命,总想尝试那鲜美的滋味,它每天不断地冲撞那块看不到的玻璃,但始终不

能过去。连续 10 天，它试了每个角落，每次都用尽全力，但每次也总是弄得伤痕累累，甚至有几次撞得破裂出血。而每当玻璃一出现裂痕，实验人员就会马上加上一块更厚的玻璃。

经过无数次的尝试，鲨鱼终难如愿。后来，鲨鱼不再冲撞那块玻璃了，对那些斑斓的热带鱼也不再在意，好像它们只是一幅挂在墙上会动的壁画。它开始等着每天固定会出现的鲫鱼，然后用它敏捷的本领进行狩猎。

实验到了最后的阶段，实验人员将玻璃取走，但鲨鱼却没有反应，每天总是在固定的区域游着，它不但对那些热带鱼视若无睹，甚至于当那些鲫鱼逃到那边去，他也会立刻放弃追逐，说什么也不愿再过去。实验结束了，实验人员讥笑它是海里最懦弱的鲨鱼。

世异则事异，事异则备变。信息时代最大的特点是环境变化的速度越来越快。这种变化不仅包括来自外部环境的变化，也包括来自于企业内部环境的变化。而一个具有生命力的企业必须是一个能够随着这种环境变化而变化的优秀组织，否则这个企业就可能被市场所淘汰。而不能适应企业变化的人就会被企业淘汰。

经验固然宝贵，但如果事事都以过去的经验来制订今天的行动和计划，这种保守和落后的理念将不能适应今天的社会。处于如今这样一个瞬息万变的社会之中，每个人也都要有适应环境的能力。不能总是用陈旧的知识、陈旧的观念固化自己的行为，约束自己的进步。要主动适应环境，不能把希望寄托于社会会等待每个人的成长。

物竞天择，适者生存。这是大自然的规律。人也一样，只有适应环境的人，没有任何一种环境是因人而改变的，也就是说环境不会为某个人而改变。当你背起行囊，远离家乡，远赴重洋，到异域他国求学或工作生活，你将面临一个新的环境。你昔日的朋友远隔千里万里，你不免会觉得孤单、难熬。但是你会因此而一蹶不振，停滞不前吗？我想，你不会。

既然环境不会为一个人而改变，但我们可以以新的面貌去面对新的生活。

绝不能安于现状,任由环境摆布,做环境的俘虏。

人的一生就是不断适应的过程,你不清楚明天的你将面临什么样的环境,什么样的事情。你未来的生活又会是什么样子的,你也无从知晓。但是不管何时何地,主动去体验各种生活,这种态度终归是好的。我们要学会尽快地适应新环境,主动地适应新规则,用新思想提升自己各方面的能力。

前途远比"钱途"重要

每个人都希望自己能拥有一份有前途的工作,拿着一份令人艳羡的薪水。虽然说机会对每个人都是平等的,然而当与现实结合的时候,每个人所面对的情景又各不相同。

"钱途"与"前途"究竟哪个更重要?如今,"找工作难,找好工作更难"已经成为年轻一代的我们在求职时不得不面对的严峻现实。什么才是你求职最为看重的因素呢?

小何的第一份工作是在一家软件公司做行政,她很满意能有这样一份相对清闲的工作。因为当时她的理想就是毕业不要那么折腾,朝九晚五,拿一份稳定的工资,生活有条不紊,除了国家规定的各种节假日,还有带薪年假时不时地出去逛游一圈。做行政的收入虽不是很高,可她真的是乐在其中。应该说,她的第一份工作,让她尝到了自己想要的生活状态。

工作两年以后,经历了一番磨砺和人际关系方面的磨合,她积累了一些阅历。她渴望自己的价值能够得到最大化地实现,她首先考虑的是前途问题。虽然说行政工作轻松悠闲,如果一直这样走下去,也是个不错的选择,上升的机会也还是有的。然而，她隐隐觉得这样的生活并不是她最想要的，在这样年复一年、日复一日的简单枯燥的工作中，虽然没什么压力，但是当初那种奋斗的激情就这样渐渐地被消磨殆尽了。她很害怕这样下去，会毁了自己一辈子的前途。经过一番考虑，对自己的终极目标也有了更深层次的思考，她决定放弃眼前的工作。

小何结合自己所学专业以及本身的兴趣爱好，她将自己的目标定位于软件开发和网站建设，她重新拾起了当初的理想和奋斗的热情，并在闲暇之余参加了一次正规的培训和深造。凭着她的聪明才智和不懈努力，再加上这两年来在软件公司工作得天独厚的条件，她在这一片领域中脱颖而出，她在为自己前途奔波的过程中也顺利地铺就了自己的"钱途"。因此，可以说，前途才是真正的"钱途"。

海阔凭鱼跃，天高任鸟飞。在职业生涯中，前途是应该首先考虑的，它决定了一个人发展空间的大小。在绝大多数情况下，你的收入一定是和你的付出成正比的。前途光明了，"钱途"自然就来了。"钱途"既是前途的一种表现形式也是最细枝末节的部分，如果没有一个广阔的空间给你去发挥自己的才能，"钱途"也只能是路漫漫其修远兮。如果仅仅是为了眼前的一点蝇头小利而迷失自己的方向，做自己不愿意做的事情，那样很容易赔了夫人又折兵。

面对现实，自己的前途，自己来把握。当我们追求理想时，当然不能忽略了实际问题。最完美的是能将理想和实际相结合，找一份你最爱的工作。三百六十行，行行出状元，所以不能说什么工作好什么工作不好。许多做出成就的人其实都是从小事做起，兢兢业业，然后才取得成功的。一个工作只要你喜欢，而且这个工作又特别适合你，能最大限度地发挥你的长处，那么，这就是个好工作。我不太赞成找不到工作就不就业的做法。在就业的同时能实现择业当然好，但是，在就业形势比较严峻的形势下，很难在就业的同时实现择业。在这种情况下，先就业后择业未必就不是一件好事，在这个过程中你会发现自己积累了好多社会经验，积累了许多职业技能，而现在企业越来越看中经验。所以先积累经验,这也有助于你以后找到更为理想的工作。

果戈理说:青春之所以幸福,是因为它有前途。马卡连柯也说:培养人就是培养他对前途的希望。前途是什么?前途在哪里?

前途、"钱途"能殊途同归当然是人生乐事,但如果暂时不能二者兼得,从中取舍必然是一段极其痛苦的过程。因为有时候你真的看不清,到底哪个更重要。

在求职面试的时候,很有可能会被问到"你如何看待前途和待遇"这个问题,每个人的回答想必都如出一辙,比较看重前途,但是薪酬也必然在考虑范围之中的。

但是对于初入职场的年轻人,不要过分看重薪水。很多年轻人,初出校门时,瞬间加强的成人感让他们对自己抱有很高的期望值。他们喜欢攀比工资,觉得这是能力的衡量标准。但事实上,刚刚踏入社会的年轻人缺乏工作经验,还需要磨砺,是无法委以重任的,薪水自然也不可能很高。

不要过分地看重薪水,因为薪水只是工作的一种报偿方式,虽然是最直接的一种。一个人如果只为薪水而工作,没有更高尚的目标,那么他就很难做出正确的人生选择。如果养成鼠目寸光、唯利是图的性格,会成为以后职业生涯中发展的桎梏。

薪水是工作的动力之一,也是工作的目的之一。工作的意义,不仅在于物质,更是一种对人生精神层面的充实。年轻人找工作不能仅看眼前的薪水待遇,还要同自身的长远发展结合起来,前途远比"钱途"重要得多。只有结合实际情况择业,不好高骛远,才能在社会中找准自己的位置。

好高骛远是影响年轻人就业的重要因素。择业期望值过高,把待遇是否优厚、工作是否体面等作为择业标准,不愿承担艰苦的工作,不愿到经济欠发达地区和基层去工作,从以上基点出发作出的就业选择,虽然暂时有"钱途"却可能毁了一生的前途。

毕业后,先干自己喜欢的事,还是先挣钱再干自己喜欢的事情,很多人在就业之初都面临过这样的选择和迷惘,甚至会有些不知所措。

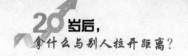

或许在就业选择这个问题上，每个人都曾迷茫过，但是无论将来从事何种职业，这都是人生的一种经历。而所谓的迷惘，只不过是一些人缺乏自信的表现，未来的路上肯定会有很多荆棘，但是要学会从考验中提升充实自己。

有的人在利益面前放弃了心中的梦想，为了得到更为丰厚的物质基础，不惜牺牲自己的兴趣，何谈理想？俗话说"心急吃不了热豆腐"，说的是成功没有捷径，来不得急功近利。有的人，虽然选择了一条在别人看来艰辛难熬的路，但这条路却充满希望，前方一片光明，眼前的一切苦痛和烦恼都只不过是暂时的绊脚石。因为他们深深懂得前途远比"钱途"更为重要。

试问那些成功的人士，在没有优厚的金钱回报的情况下，是否还愿意继续从事自己的工作，想必大部分的人的回答是肯定的。因为，想要攀上成功之阶，最明智的方法就是选择一份即使酬劳不多也愿意做下去的工作。

建议现在初入职场的年轻人不应该过分现实地看重薪水的多少，应该更留意自己的工作是否能发挥自己的才能，是否是自己的兴趣所在。在这份工作中获得的成就感和学习到的知识，其实也是一种工作的报答方式。

年轻就有机会的观点是错误的

年轻是一种蓬勃向上的象征，凸显了一个人的朝气，是一种骄傲的资本。年轻在某种程度上往往还会和时间、机会等紧密相连，因为年轻，就可以幻想一切，可以创造一切，年轻人的梦想总是那样伟大和绚烂。

然而，不要认为年轻就一定会有机会，不要以为自己年轻就可以肆无忌惮，可以犯错，可以随意挥霍，年轻不是借口，更不是理由。每个人都曾年轻过，只有善于在年轻的岁月里把握机会的人方能收获满满的财富。

有个人在一天晚上碰到了一位神仙，神仙告诉他，会有大事在他身上发生，他会有机会得到很大的一笔财富，在社会上也会获得卓越的地位，并且还可以娶到一个漂亮温柔的妻子。

这个人终其一生都在等待这个神奇的承诺，可是什么事也没发生。他穷困地度过了他的一生，孤独地老死了。当他死后，他又看见了那个神仙，他对神仙说："你说过要给我财富、很高的社会地位和漂亮的妻子，我等了一辈子，却什么也没有。"

神仙回答他："我没说过那种话。我只承诺过要给你机会得到财富、一个受人尊重的社会地位和一个漂亮的妻子，可是你让这些机会从你身边溜走了。"这个人迷惑了，他说："我不明白你的意思。"神仙回答道："你记得你曾经有一次想到一个好点子，可是你没有行动，因为你怕失败而不敢去尝试吗？"这个人点点头。

神仙继续说："因为你没有去行动，这个点子几年以后被另外一个人想到了，那个人一点也不害怕地去做了，他后来变成了全国最有钱的人。还有，你应该还记得，有一次发生了大地震，城里大半的房子都毁了，好几千人被困在倒塌的房子里。你有机会去帮忙拯救那些存活的人，可是你怕小偷会趁你不在家的时候，到你家里去打劫偷东西，你以这作为借口，故意忽视那些需要你帮助的人，而只是守着自己的房子。"这个人不好意思地点点头。

神仙说："那是你去拯救几百个人的好机会，而那个机会可以使你在城里得到多大的尊崇和荣耀啊！"

"还有，"神仙继续说，"你记不记得有一个头发乌黑的漂亮女子，你曾经非常强烈地被她吸引，你从来不曾这么喜欢过一个女人，之后也没有再碰到过像她这么好的女人。可是你想她不可能会喜欢你，更不可能会答应跟你结婚，你因为害怕被拒绝，就让她从你身旁溜走了。"这个人又点点头，这次他流下了眼泪。

神仙说："我的朋友啊，就是她！她本来该是你的妻子，你们会有好几个漂

亮的小孩,而且跟她在一起,你的人生将会有许许多多的快乐。"

柏拉图说:"一个人不论干什么事,失掉恰当的时节、有利的时机就会前功尽弃。"这话一点都不过分。仔细想想,我们在很多时候是不是也和故事中的那个人一样,因为种种原因让很多珍贵的机会白白地从自己手中溜走。但是很多时候,这些机会一生只会出现一次,当它从你身边走过的时候,你没有抓住或者没有珍惜,那么这一辈子就可能再也不会碰到第二次。比如一个难得的获得崇高的社会地位的机会,一份值得拥有一辈子的幸福婚姻……

很多年轻人,总习惯用"没什么大不了,反正我还年轻,以后的路长着呢,有的是机会"等这样的话安慰或者劝服自己,然而却不会想到,时间是不等人的,机会也是。

当年轻人不慎犯错的时候,可以潇洒地说一声:"年轻人难免会做错事情。"是的,年轻犯错可以原谅,但是年轻绝对不是用来犯错的借口和理由。因为年轻不是鲁莽的代名词,不要动辄就用年轻来为自己的错误洗脱。

当工作中出了纰漏,年轻人总不免会以"年轻,没有经验"做挡箭牌。年轻允许失败,但不要因为年轻就可以对每次失败都置之不理。要知道,年轻不是失败的理由,不是我们犯错、失败、放纵、鲁莽的理由。任何事情都不会因为你年轻可以重来,时间不会因为你年轻而停止。所以请记住,在年轻的时候,认真对待你想做的每件事,做好它们,不要等待,不要犹豫,要自信和满怀希望。

时间不会等待任何人,不要等你已不再年轻而后悔。不要把年轻当作借口,不要认为年轻就可以任意而为。花无百日红,树木也不能永远长青,冬天终究会到来,而属于我们的年轻也会过去。时间如流星般划过,要把年轻当作奋斗的资本和源泉,努力去拼搏,告诉自己,年轻,不是理由,年轻不是借口,因为你总会不再年轻。

"青少年是早晨七八点钟的太阳。"但太阳也会东升西落,我们也会有一天走向老年。我们也要学着长大,学会承担责任,因为我们每个人都会告别年轻。年轻不是我们犯错的资本,我们可以利用年轻改正自己,因为一生我们只能年轻一次。千万记得，不要以为年轻，以为来日方长，以为生命中就一定会有足够多的机会等着自己。

对任何事物，保持足够的兴趣，当你有了计划就要付诸行动，珍惜生命中的每一次机会，这样就能在短暂的人生里，进行很多有意义的尝试。

条条大路通罗马，但你只能选择一条

无论做什么，三天打鱼两天晒网的做法都是要不得的。年轻人的想法很多，转变也很快。前一刻还想着要选择什么样的路，下一刻可能就发生了变化。每个人要想走向成功，并非只有一条道路可走，常言道："条条道路通罗马。"但是，不论是谁，也只能从中选择一条路走下去，坚持下去，才有可能迎来胜利的曙光。

在一本书上看到过这样一个故事。有这么一家三口，男的是一名经济学的教师。女的是一名下岗工人，在街上开了一家纽扣店。他们的女儿在一所普通中学读书。男的没什么爱好，也没什么特长，除了教学之外，要么到图书馆翻翻经济学方面的杂志或期刊，要么就到他妻子的店子那里去转悠；女的也没什么大志，除了卖纽扣之外，最多再卖点头饰之类的小玩意儿；女儿学习也一般，没拖拉过作业，也没得过一次奖。总之，一家人都是普通人，过的也是普通人的日子，平平淡淡，紧紧巴巴。

一天，男的告诉女的说他有一个新发现，他说在一本杂志上列出了全球500强大公司，而他们都是一根筋，一条路。企业再大也只做一样，不做别的，这有点像专业店。比如，零售业的老大沃尔玛，自始至终只做零售，钱再多也不

买地,都不做房地产;首富比尔·盖茨,钱再多,也都只做软件,其他行业再赚钱都不去做。男的想,是不是心无旁骛地做一件事情就更容易成功,成为强者啊?

不久,他就让他妻子今后只卖纽扣,别的货都不进,只进纽扣,把所有的款式都买回来,后来,他的货店就成了远近闻名的纽扣专卖,很多游客来到该城市也都慕名而来,直奔他的店,批发的也好,独购的也好。他因此也成为"纽扣大王"。他女儿成绩差,后来他发现她喜欢英语,于是就专门请了老师来给她上课,后来毕业后,在一次招聘会中,被聘为翻译,不久也在英国找到了工作。

人生犹如登山,当你认定目标,坚持向上走,一定会到达顶峰。而那些一辈子坚持只做一件事的人,往往会成为生活的强者。

想一下自己在大学四年究竟都学了什么?有过抱怨,走过迷茫,有过目标,却又没有坚持下去,4年过后,看看你自己生命中留下了什么?书到用时方恨少,走向社会了,工作了,才发现原来本应该在学校时就应该会做的事情,在应该好好读书的时候就应该掌握的知识,却在毕业后狠狠地恶补才能勉强解决眼前的问题。

再看看有些人,真正工作之后呢,由于种种原因频繁跳槽,把求职面试当作赶场一样,一旦遇到点不顺心就轻易放弃,就去寻找下一个机会。这样只会造成一种恶性循环,甚至成了习惯,原本应该好好积累的时光却在自己的这种挑三拣四、无法坚持的恶性循环中白白地浪费了。

成功是属于那些坚持不懈努力拼搏的人。我们每个人都要走完一生,不管精彩还是落寞,但始终在我们脚下会有这么一条路,一条自己选择的路。其实在面对生活中种种困苦和压力的时候,真想混沌一世,沉寂一生,但是我们还是没有勇气放弃奋斗,放弃理想。困顿中我们必须选择一条路,坚定地走下去。

对于同样的事情,不同的人为之,为什么有的人成功了,而有的人就以失败告终了呢?原来事情的成功与否不在事情本身,而更多的取决于做事者的态度和努力程度。选择一条路走下去,走到最后,才会笑到最后!

我们一边走,一边选择。每选择一次,就意味着放弃一次,遗憾一次。但我们又必须当机立断。须知时间是不等人的，要是犹豫不决，我们失去的将更多。只有迅速作出抉择，才能减少遗憾，得到更多的收获。年轻人一定要懂得，人的精力是有限的，每个人只能选择最适合于自己的东西。不断地拼搏、进取，还要懂得舍弃，不为那些无谓的事情浪费自己有限的时间和精力。

虽说"条条大路通罗马"，但是，你必须选中一条，然后义无反顾地向着罗马城走，才能到达目的地。要知道，人不可能在同一个时间踏进两条不同的河流。

正如歌里唱道："林中有两条小路都望不到头……一个人没法同时踏上两条征途……"的确，一个人的精力是有限的，一个人也只有一辈子，也只能走一条路。

每个人都想顺利到达心中的"罗马"，但是那些意志不坚定的人，在走到岔路口的时候，往往会因为种种诱惑而放弃通向光明的路，只有那些选择一条路并坚持走下去的人，才能最终取得成功。

尽管条条大路都可以到达罗马，但是在这条路上走几步，退回来又在那条路上走几天，难免会浪费太多太多的时间。人生苦短，最可悲的莫过于，在离目的地还很远的时候，就已经被判了"死刑"。

切记：如果选定了一个目标，就不要再犹豫不决，或是半途而废，只要坚定不移地走下去，只要坚持就一定能成功！

委以重任的担当力
——没有担当的勇气，成功只是运气

责任之于灵魂，犹如雨露之于鲜花。缺少责任的灵魂就像是没有雨露滋润的鲜花，会很快走向衰颓和干枯。不要总想着为自己找借口、找理由，尽职尽责地做好分内的事情，勇敢地承担起那些该承担的。唯有如此，你才可以通过现实生活的磨砺，得到更多的信赖。

总是吃"免费的午餐"并非好事

陶行知说："吃自己的饭，滴自己的汗，自己的事自己干，靠人，靠天，靠祖上，不算是好汉！"

从前，有一位爱民如子的国王，在他的英明领导下，人民丰衣足食，安居乐业。但深谋远虑的他却担心自己死后，人民是否也能继续过这种幸福的日子。他希望能找到一条能确保人民生活幸福的处世法则。于是，他召集了国内的有识之士一起去寻找思考。

3个月后，这班学者把三大本沉甸甸厚重的帛书呈给国王说："国王陛下，天下所有生存的技能都汇集在这三本书内。只要人民读完它，就能确保生活无忧。"

国王不以为然，因为他认为人民不可能花那么多时间来看书。所以他再命令这班学者继续钻研。两个月内，学者们把三本简化成了一本，国王还是不满意。再一个月后，学者们把一张纸呈上给国王，国王看后非常满意地说："很好，只要我的人民日后都真正奉行这宝贵的智慧，我相信他们一定能过上富裕幸福的生活。"说完后便重重地奖赏了这班学者。

这张纸上只写了一句话：天下没有免费的午餐。

这是一个古老的传说，但是其意义却流传至今。

这个世界上，看似免费的东西，实际上似乎并不是免费的。大学讲台上的老师，在讲到成本的概念时，最喜欢讲的一句话是"天下没有免费的午餐"。意思是说，无论做什么事情，都是有成本的，没有人会做赔去成本的买卖。天下并没有完全免费的午餐，或许在平日里，大家都能吃到看上去免费的午餐，但细思下来,并不是单纯的免费,而是付出了隐形的交换,或是相应的代价,也或许,这场自己不曾付费的午餐,需要日后来偿还。有所得,就有所失。

时下,很多城市的公园都已经免费为市民开放,上公园游玩不需要门票了,应该是"免费午餐"了吧?

其实不是。因为公园人工服务、花草树木的修剪,以及各种设施的维护都是要经费的,这经费从何而来?我们会觉得这肯定是从政府获得。但政府的收入呢,主要是来自税收。税收又是从哪里来呢?取之于民,用之于民。或许有人会说,我从来没有纳过税。实则不然,我们只要消费,就是在纳税,大到自己的个人所得税,车辆购置税,小到去超市买一些简易的商品,去饭店吃了几盘简单的食物,结账的时候已经付了税。

也有人说,政府买单的产品我们付了税了,但是免费邮箱、各大网站资源,这些都是免费的,政府也没有为其埋单啊?

想想,我们虽然免费使用了很多年,也没有直接付费,但是实际上在其他渠道付过费了。我们支付过网络使用费,我们为充斥着各种广告的网站增加着点击率,还要忍受着各种跳出来的广告小窗口。

其实,总是吃"免费的午餐"并不是什么好事,因为,一定不会有人心甘情愿地白白为他人付出,他们在付出的时候,一定是有所求的:为了和你的关系更近一步,为了从你那里得到信息,为了给你留下好的印象,或是希望从此以后化解双方的矛盾。总之,吃人的嘴软,拿人的手短,免费的午餐看上去诱人,也说不定是鸿门宴。如果情况允许,自己请自己。自己请自己,虽然只是瘪了腰包,但是不会给心理上带来任何负担。

如果总是吃"免费的午餐",会越来越习惯,越来越失去自我,失去努力的动力。一个人活着,必须在自身与外界创造足以使生命和死亡有点尊严的东西,要通过努力工作换来想要的"午餐"。试想下,如果自己连最重要的午餐都无法自给自足,又如何去担当,去承担更多?

人要学会适应社会，因为社会不会迁就你

　　每个人，都有一天会离开学校，离开父母，走进社会。走进了现实而复杂的社会，这就意味着要离开诸多呵护，需要独自去承担种种困难，要小心翼翼，以免犯下不可饶恕的错误。比尔·盖茨说过："世界是不公平的，要学会适应它！不仅对合理的东西要适应，对不合理的东西也要适应。"毕竟，上帝能够原谅的事，社会不一定会原谅；老师能够原谅的事，老板不一定会原谅。

　　因为在社会上，没人会迁就你，除了你的父母，除了你的至爱亲朋，除了那些暂时想利用你的人。这是一条人生的底线，把握得好，受用无穷，把握不好，轻则当场受辱，重则终生受累。不是说人世多么险恶，而是说，人生在世，什么时候也不要以为自己就是老大，谁都得迁就你。

　　这是一个最好的时代，也是一个最坏的时代。当今社会既是充满希望的社会，也是充满失望的社会。人在这个社会里生存，就会同时碰到希望和失望，想永远都碰到希望不可能，想永远避开失望也不可能。如果想在这个社会里自如地沉浮，就要学会适应这个社会，这个世界并不会在意你的自尊。尽量适应社会的人，他们能在困境中寻到出路，寻到适合自己发展的路；而没有学会适应社会的人，便会处处碰壁，处处充满失望。

　　其实，这个社会是可以适应的，只要勇于改变。大熊猫最早是食肉的动物，由于自然环境变化，最后它们变成以吃竹子为生。蝙蝠在夜里飞行，光线少，便利用声呐在夜间导航。鱼在水中游，为减少阻力，成了纺锤形。

动物可以为了生存，慢慢地改变习性，人也有足够的力量去改变自己。人是社会的人，人的本质之一在于他的社会联系。适应这个社会，不仅要适应这个社会种种的规则，还要学会适应这个社会，不停地进步，不断地改变。

人，一定要学会适应社会。适应这个社会不等于"顺应"，不等于被动地服从客观环境，更不等于逆来顺受、随波逐流。而是要认真地分析自己，找到自己在这个社会中的定位。

进入社会，一定要把自己的心态摆正，心态一定要是积极的、乐观的。工作中总是有一些负面的东西影响你，比如遇到困难、资源短缺、得不到上面的支持以及政策变化，等等，如果你消极对待，你的工作效率将会大打折扣，你就会给别人留下一个负面的印象，无形中你就会丧失很多机会。要有一种积极的态度，加强自己的修养和见识，有一个比较灵活的处世方式，而不是过多地固执己见。

适应社会环境有两种方式：一种是改造社会环境，使环境合乎我们的要求，另一种形式是改造我们自己，去适应环境的要求。无论哪种方式，最后都要达到环境与我们自身的和谐一致。如何去适应新的环境呢？

首先要主动接触周围的环境。在调和社会环境和自身之间的矛盾时，要从主观上采取积极态度，而不是消极地等待。不要封闭自己更不要与周围的环境作对，要有目的地去融入集体，找到属于自己的位置。

其次，要积极调整，选择恰当的对策。以进入职场的新人为例，即使受到周围环境的排斥，不要不安、困惑、自暴自弃，而是要找到最佳的方案，改变自身或是审时度势，有条件地选择改造环境的条件。适应世界，学会面对与接受，并不是消极地在世界面前躲避，恰恰相反，是让我们更积极地影响世界！

面对可能出现的困扰，还可以采用适当的心理防御措施。与其抱怨，不如沉下心来，多学点有用的东西，多想想怎么通过把现有的工作做好，获得更多

的机会和发展。越觉得不如意，就会越消极，甚至走进死胡同，结果变得无路可走。而越能早早适应不如意，就越能从积极的角度去思考问题，把怨气变成干劲，把消极变成自觉，因此就能创造出一片海阔天空。

无论是在工作还是生活中，既要学会如何去面对失败，也要学会面对成功。一定要与公司的大环境保持一致，所作所为应该符合这个公司的整体文化和价值观。做事情，想问题要有大局观。从大处着眼，从小处着手。知道自己的工作对于公司整体的意义，既能保持与公司方向的一致性，又能时时刻刻跟上变化的脚步。

能把握是非，也要懂得如何分辨是非

"走自己的路，让别人说去吧！"这句话说明了一个拥有坚定信念的人是不会轻易向现实低头的，他会怀抱着理想，勇往直前。然而，年轻人，不但要有低头向前的勇气，更需要有明辨是非的能力，能够辨得出何是何非。

吴青又回忆起了和妈妈在一起的点点滴滴。在她眼里，妈妈是非爱恨分明，又是真正的国际主义者。

吴青小时候，正值日本侵略中国，因此小小的她心中对日本怀有敌意。跟随家人到达日本后，她暗下决心，绝不说一句日本话，绝不和日本小朋友一起玩，甚至到后来欺负日本小朋友。

她的妈妈知道后，就教导她说："你难道不知道吗，这场战争是日本军国主义发动的，日本人民是反对的。在战争期间，日本人民是非常痛苦的。战后日本人民同样也经历了一段非常痛苦的时期。"

吴青因此明白了，人不能永远想到的是有冤报冤，有仇报仇，从此也开始和周围的日本小朋友玩。

吴青的妈妈是我国著名的作家冰心。

即使是面对大奸大恶，也要有一颗是非分明的心，分清哪些是是，哪些是非，只有这样子，才能树立自己正确的人生观、价值观和世界观。

如果想要明辨是非，最重要的，要有一颗冷静沉着的心。保持冷静，是情绪管理方面最重要的功课之一。心理学家认为在情绪激动时，至少有3个重要的关键点可以努力，只要掌握得当。

陈睿的人缘很好，一直有许多朋友，各种各样的。男女老少，国内国外，家人总是担心她有一天被扯到什么是非中去，她是一个只要朋友开口就来者不拒的人。

有一天，有朋友来找她给帮忙带一些货品到另外一个出差的城市，却不肯说是什么。陈睿觉得太冒险，便委婉地拒绝了。

最后朋友如实相告，里面的确是一些非法的物品，所以，希望陈睿利用自己的关系打点一下，自己来承担所需要的费用。

陈睿当即拒绝了，她觉得可以帮助别人找最好的医生，找最好的学校，买相对便宜的房子和车，但是如果是帮人做坏事的时候，就绝不沾手，她的关系不是用来做恶事的。

朋友无奈，离开，另寻他法。两个月之后，成功地将货品运送出去。到了目的城市，并且运到国外，一切似乎都风平浪静。但是有一天，事情败露，所有涉及的人都被牵连。陈睿也成了嫌疑人之一，因为偷偷运送的是国宝，事关重大。但是陈睿找律师给自己辩解，幸好，她留有当时的谈话录音，躲过一劫。

都说常在河边走，哪能不湿鞋，但是如果走的地方正确，也会不湿鞋。这就需要自己清楚自己的所言所行，不去犯险。

是非分明是年轻人的优良品质之一，但是在职场中，要坚持自己的是非立场，不要表现得太强硬。职场上，走错一步就会引火烧身。

小李有一天在临下班前将文件放在老板的办公桌上，第二天的时候，老板随手将那份文件放到处理过的文件里，他却没发觉。到下午的时候，他训斥小李办事不利，为什么现在都没有把文件给拿过来。

小李有一些生气，我明明将文件放到你办公桌上了。

老板说，你给我的文件，应该亲自交给我才是，如果是什么重要的文件，被人顺手牵羊拿走了，会是怎样的后果？

小李还是据理力争，执意要让老板在办公桌上再找找。老板已经相信小李昨天已经将文件送过来了，但是他不可能输给一个自己手下的员工。

他执意不找，最后对小李说，你回去吧，再重新打印一份给我。

小李依命行事，但是她发现，老板对她的态度似乎来了一个大转弯。不再给她交代重要的任务，出门参加活动也不会带上她，而是带上另外一个新来的有活力的小女孩子。

小李也有一些后悔，自己干吗那么较真，当时直接打印一份给他不就好了，送过去的时候委婉地说一句昨天已经将文件放在他桌子上，何必一定要完全弄个一清二白呢。现在这份工作做得越来越不开心，过了不久，她便主动辞职离开了。

其实，是非分明是好事，但也要注意场合和人物，和老板沟通交涉的时候，表明自己立场很重要，也要懂得顾及他们的形象。

面对恶语中伤不失态

人生在世,不可能永远一帆风顺。有顺风就必然会有逆风,有高潮就必然会有低谷。一个人的最高境界不是看他在顺境或者成功时有多风光,而是在遭遇困境或者别人恶语中伤时能不能用平静大气的胸怀坦然接受甚至化解。

有一位年轻的婆罗门人找到竹林精舍,对佛陀破口大骂。他在佛陀面前,手舞足蹈,谩骂侮辱,恶语相向。佛陀起身站定,默默地看着他,那神情,像是在观看一场小丑的表演,不躲开,也不回应,示意其他人各自忙各自的,不要围观,也不要有过激的行为。

年轻人叫了一阵子,终于有些累了,声调一点点地低下来,语速一点点地慢下来,最终一个字也讲不出来,愣愣地站在原地和佛陀对视。最后在佛陀炯炯有神的目光注视下,他低下了头。

他觉得自己刚刚经历过一场极其失败糟糕的表演,他一个人站在舞台上疯狂地发挥,台下却都是冷漠的看客,迫得他根本表演不下去。

这时,佛陀总算开口了:"施主,你好像很气愤,是在骂谁呢?"

年轻人很生气,自己折腾了半天,洋相出尽。当事人却跟什么事儿都没有发生一样,不但一点都不生气,甚至似乎是一句话也没有听进去。他没有气着佛陀,自己倒被气坏了。

他恶狠狠地说:"当然是骂你了。"

佛陀嘴角露出一丝不易察觉的微笑,平静地问:"在喜庆的日子里,是不是经常与家人相聚?"

年轻人答："当然。不过，自从你侵入了我们的地盘，我们的欢乐日子变得越来越少。"

佛陀说："你和亲人相聚时，你会准备丰盛的晚饭、水果和点心。但是结果亲人们都有事不能来，你怎么处理这些食物？"

年轻人不知佛陀的用意，没好气地说："当然是自己留着吃了，你以为我会浪费吗？"

佛陀又说："如果你兴致勃勃地带着一份厚礼去亲朋家，他们拒收这份礼物，你会怎么办？"

年轻人又一次老实回答："当然是自己带回来，这还用问吗？"

佛陀开始变得正色，道："那么，若有人在我面前恶言相向，如果我不接受，那么这些谩骂仍然是属于那位挑起事端的人。

年轻人已经意识到自己被佛陀放置在一个两难境地。

他仍然梗着脖子道："你接受也好，不接受也罢，我可以选择收回，也可以选择不收回，这由不得你做主。"

佛陀说："那你就试试，迎面唾天，结果会怎样？你不回收的东西，不还是要落在你的脸上吗？"

生气，就是拿别人的错误来惩罚自己。用污水泼别人，如果对方执着盾牌，污水还是反溅到自己的身上。

佛陀曾说过，狮子不因响声而颤抖。这句话的意思是说：作为森林之王，狮子是没有恐惧的，狮子的本性就决定了它不会因其他动物的吼叫而害怕。真正强大的人，在听到恶劣的谣言、不实的指责、口无遮拦的评头论足时，都会笑着将这些闲言碎语如沙尘般抖落，而不是浪费时间去纠正澄清。

做人就应该如此，益则收，害则弃。对于正确的批评，我们应该欢迎，哪怕言辞激烈或只有百分之一是正确的。但对于纯属恶意的人身攻击、诽谤、诋毁、中伤，我们如果不想被它所害，那就只有不去理会。

有的人会很在意那些无中生有的恶语，实际上，换一个角度来看，当你遭到诋毁时,通常意味着你已经获得成功,并且深受人注意。因为正是你极具重要性,别人才会去议论,去关注,去污蔑。

但是,不是所有的人都和狮子一样强大,一样可以用无声的方法保护自己。每个人,都有自己的喜好,不喜欢的事,完全可以不做;不喜欢的人,不需要装作喜欢;不喜欢的话,也没必要装作爱听。没有人会喜欢白白地受人欺负,面对侮辱无动于衷并不容易。面对恶语,不同的情形下,对不同的人可以采取不同的自保措施。

有时,可以糊涂一点,一笑了之。因为有的人的恶语并不是故意的,也在诋毁之后进行了补救,已经有改错之心。这个时候,完全可以采取包容的态度。如果太较真,会伤了和气。而且,不是所有的难听话都是针对你的,你可能只是一个他寻找的发泄对象而已。所以,要学会直面对方的攻击,可以用有力的问话来逼迫对方阐明其意:"你的话是什么意思?"对方一旦明白你的排斥和强硬,很多时候会鸣金收兵。

有时,听到别人的流言蜚语,经过三思,客观地分析、判断之后,只要认为自己的做法合理,站得住脚,那么就坚持到底,不必妥协。

可以选择温合地驳回,适可而止、有礼有节,即四两拨千斤。"这是你买的新裙子,怎么像用来做沙发套的布料,真不怎么好看!"这时,你可回答:"是吗,那就请坐上来吧。"运用机智将话锋一转,也就避免了尴尬。像这样的话并不是很伤人,也就没有必要再与其怄气,顺水推舟应付过去即可。

可以幽默一点强硬反击。有的时候,那些恶意的诋毁,涉及了你交往的其他人或公众,你就不能太大度、太软弱。因为,对这种人太客气,就是无知的容忍,应该针锋相对,以维护你自己和公众的声誉。

即使有客观原因，也不是推卸责任的理由

威灵顿曾这样说过："我来到这里是为了履行我的责任，除此之外，我既不会做也不能做任何贪图享乐的事。"

然而，无论是在工作、生活还是在学习中，我们经常能听到各种各样的借口：

"闹钟没响，所以我起晚了。路上又遇到堵车，而且天气也不好。"

"这个老师上课讲的时候，我就没有太听懂，而且根本没有时间去复习。"

"这种情况以前从来没有遇见过，我没有经验。"

"这个任务，上司没交代过我，这不是我分内的事。"

"我没有时间和精力一下子应付这么多事。"

"我觉得这事情的原因是其他人配合不利。"

……

这些，似乎都是听上去很合理的理由，而且很客观。但是，即使有再客观的原因，也不能成为推卸责任的理由。

借口有各种表现形式，但是隐藏在借口背后的是逃避困难、惧怕失败等消极心态。无论何种借口，都是为没有办法或没有可能实现工作目标准备的，其潜台词都是"不行""不可能"等消极字眼。

无论任何形式的借口，都是在推卸责任。推卸责任、寻找借口的人是因循守旧的人，缺乏一种创新精神和自动自发工作的能力。找借口的人总是躺在以前的经验、规则和思维惯性上舒服地睡大觉，一旦你习惯了找借口，你就不愿意去努力改变自己的处境。一旦你逃避责任，就是放弃了自己应该承担的义务。这种行为降低了人的社会性，表面上虽然能让人得到短暂的放松，却丝毫无助于问题的解决，也会错失许多好的发展机会。

几年前，美国著名心理学博士艾尔森，对世界 100 名各领域的杰出人士作了一项问卷调查，结果让她十分惊讶——其中 61 人承认，他们所从事的职业并非他们内心最喜欢做的，至少不是他们心目中最理想的。

一个人竟然能够在自己不太理想的领域里取得那样辉煌的业绩，除了聪颖和勤奋，靠的还有什么呢？带着这样的疑问，艾尔森博士又走访了多位商界英才。最终，她在纽约证券公司的金领丽人那里，找到了一个满意的答案。

梅琳生于中国台北的一个音乐世家，从小就受音乐的熏陶，也非常热爱音乐。她的父母都希望她能够"女承父业"，一生驰骋在音乐的广阔天地中。但她却很倔犟，想开辟一个新的天地，并最终阴差阳错地考进了大学的工商管理系。但后来，她发现，自己并不喜欢这一专业。不过，她还是学得很认真，每学期各科成绩均是优异，成为班上的佼佼者。

毕业后的梅琳被保送到美国麻省理工学院，攻读当时许多学生可望而不可即的 MBA（工商管理硕士），后来因成绩突出，她又拿到了经济管理专业的博士学位。毕业后，她顺理成章地被导师推荐到了一家知名的证券公司。

如今已是美国证券业界风云人物的她，在被采访的时候依然心存遗憾地说："老实说，至今为止，我仍说不上喜欢自己所从事的工作。如果能够让我重新选择，我会毫不犹豫地选择音乐，但我知道那只能是一个美好的'假如'了，我只能把手头的工作做好……"

艾尔森博士问她："你不喜欢你的专业，为何你学得那么棒？不喜欢眼下的工作，为何你又能做得那么优秀？"

"因为我在那个位置上，那里有我应尽的职责，我必须认真对待。"梅琳眼里闪着坚定的目光，"不管喜欢不喜欢，那都是自己必须面对的，都没有理由草草应付，都必须尽心尽力，那是对工作负责，也是对自己负责。"

当今社会的竞争如此激烈，我们每个人都在为自己的工作而苦苦打拼。给自己找借口，只会消磨自己的竞争力。

再美妙的借口对事情的改变无任何用处，与其把诸多时间枉费在寻找借口上，不如主动反思、检讨自己的不足，积极寻求改进这些不足的建设性方法，并仔细思量：现在我们该怎样去做，该怎样把每一项细小的或艰难的事情做到完美。

没有任何借口是一种果断的行动力。行动力是一个人在面对障碍或是困境时，主动去改变现状的主观能动性。自强而自信的人通常有着一个坚强的意志和独立的品格，在遇到困难的时候他们总会以一种积极的心态，坚持必胜的信念，主动出击。

没有任何借口是独立工作能力和强烈责任感的体现。不找借口，勇于突破思维的局限，不推卸责任的话，一切皆有可能。心理学研究表明，我们内在的价值观、信念会影响我们的言行；同时，我们的言行也会反过来影响和改变我们的心理状态。也就是说，我们的自我对话是消极还是积极的，对我们态度的形成极为重要。

几千年来经过多种尝试，人们坚信：一个人在 4 分钟内跑完 1 英里在生理上是办不到的。甚至曾让狮子追赶奔跑者，但奔跑者仍没突破 4 分钟的限制。于是所有运动专家都断言：4 分钟跑 1 英里是人类极限。因为人类的骨骼结构不适应，肺活量不充足，风的阻力太大……理由成百上千条。

然而有一个人却证明医生、教练、运动员以及在他之前尝试过但没有成功的数以千计的人全都错了。他就是牛津大学医学院 25 岁的学生罗杰·班尼斯特，1954 年他以 3 分 59 秒 4 首先打破了只能 4 分钟跑 1 英里的纪录。在他之后，相继又有 300 位运动员在 4 分钟内跑完了 1 英里。几年前在纽约，13 位运动员在一次比赛中同时打破了 4 分钟的纪录。也就是说，赛场上的最后一名选手也做到了在数十年前被认为是不可能的事情。

究竟是怎么回事？训练技术并没有重大突破，人类的骨骼结构也没有突然改变,风,似乎也没有变得不同。

答案只有一个,人不再找借口了,不再用那些借口束缚自己了。所以,在做事情之前,不要被一些负面的信息所干扰,同时也不要在失败了之后给自己找理由,应该发现问题,解决问题,避免同样的情形发生。

由于经验、能力、环境等因素影响,生活和工作中我们不可避免会犯下错误,导致并不理想的结果。这是非常普通的现象,但不能接受的是:很多人习惯性地把失败归咎到外部环境和他人身上,并使组织内部相互不信任。但犯下错误并不可怕,关键是我们面对错误的态度。人们往往对于承认错误和担负责任怀有恐惧感。因为承认错误、担负责任往往会与接受惩罚相联系。所以,很多不负责任的员工,首先考虑的不是自身的原因,而是把问题归罪于外界或者他人,总是寻找各种各样的理由和借口来为自己开脱。

人应该勇于及时承认自己的错误。掩饰自己的错误,将会犯下更大的错误。敷衍塞责,推诿责任,找借口为自己开脱,不但不会得到理解,反而会产生更大的负面作用,让老板觉得你不但缺乏责任感,而且还不愿意承担责任。

最好的方法不如坦率地承认自己的失职,老板会因为你能勇于承担责任而不责难你。只有学会承担责任,才能得到他人的谅解和尊重,才能获得他人的信任和宽恕。因为一个人懂得承担责任,这比千万次竭尽所能推卸责任更具有震撼力,也只有这样的人,才是一个能成就大事业的人。只有勇敢承认错误的人,机遇才会眷顾他们,因为他们比别人承受得更多。

负责是树立形象的最佳方式

　　我们的家庭需要责任，因为责任让家庭充满爱。我们的社会需要责任，因为责任能够让社会平安、稳定地发展。我们的企业需要责任，因为责任让企业更有凝聚力、战斗力和竞争力。这些责任与生俱来，推脱不掉。体现在生活的方方面面、点点滴滴，我们要努力地承担起自己的一份责任，尽自己的一份义务。人不能逃避责任，放弃自己应承担的责任时，就等于放弃了生活，也将被生活所放弃。只要你认真地、勇敢地担负起责任，你所做的就是有价值的，你就会获得别人的认可与尊重。

　　责任是与生俱来的，不分大小，一点点的不负责任，就可以造成车毁人亡的惨剧。企业与企业之间、公司与公司之间，竞争越来越激烈，只要任何人在工作中的一点点不负责任，即使是在办公室接接电话、打打材料这些不起眼的小事，一旦没有尽责，就有可能导致整个企业蒙受巨大损失。岗位不分高低，责任不分大小，关键在于落实。企业有再好的决策，也要通过落实才能收到成效。只要将自己的责任尽到位，无论是对自己对公司都能带来好处。

　　一家企业破产，被一个财团收购。厂里的人都翘首盼望着收购方能带来让人耳目一新的管理办法。出人意料的是，收购方来了，却什么都没有变，制度没变，人没变，机器设备没变。收购方就一个要求：把先前制定的制度坚定不移地落实下去。结果怎么样？不到一年，企业就扭亏为盈。收购方的绝招是什么？落实，把制度都落实到位。

学会负责，最重要的还是清楚责任，才能更好地承担责任。

中国有一句古话，叫做："不在其位，不谋其政。"也就是说，一个人只要承担起适当的责任，而不要去承担自己承担不了的事情。

学会认清责任，是为了更好地承担责任。"责任明确，利益直接"。只有认清自己的责任时，才能知道自己究竟能不能承担责任。因为，并不是所有的责任自己都能承担的，也不会有那么多的责任要你来承担，生活只是把你能够承担的那一部分给你。

每个人都要清醒地认识到工作中的责任范围，只有清楚了自己的责任范围，才不会错承担责任。只有做好自己分内工作的人，才有可能再做一些别的什么。相反，一个连自己工作都做不好的人，怎么能让他担当更重要的责任呢？

认清自己的责任，还有一点好处就是，有可能减少对责任的推诿。当人责任界限模糊的时候，人们才容易互相推卸责任。

如果能顺利完成任务还好，如果完不成，出了问题，责任由谁来承担呢？是由主动去执行任务的你，还是由那个本来是自己分内之事的同事呢？即使那个同事难辞其咎，但是将任务执行失败的自己一定脱不了干系。

一个人无论在什么工作岗位上，不管你做的是什么样的工作，最关键的是自己有没有责任感，是否认真履行了自己的责任。在责任面前我们每个人都应该认识到，责任不分大小，关键在于落实。公司和公司的决策，你不落实，就是对组织的不负责任；不把自己的工作做好，不认真落实责任，就是对自己前途的不负责任。要担负起责任，从身边的点滴做起，做好身边的每一件细微之事。

认清责任，还要勇于承担责任。

胡晓是一家外企公司的新员工，刚刚大学毕业。对未来充满了幻想和希望。她很珍惜自己的工作，虽然工资不高，还要负责种种的杂务，但是她工作认真，从来都不会因为额外的任务而闹情绪，经常主动留下来学习。

那天，她加班刚刚做完工作正欲锁门时，接到一个传真。那是一份来自日本的传真。她并不懂日语，仅有的知识都是从日本动漫里得来的，只认得简单的五十音和其中不多的单词，至于内容，她全然不懂。她打电话给老板，可老板关机。

她本打算第二天上班再交给老板处理，可机灵的她正欲出门时忽然意识到这份文件似乎很重要，是老板等待很久的。

于是，她又坐下来，通过网络和现有的知识将这份传真翻译完毕，还好大概意思弄懂了。她不太会用日文，她想起日本人的英语都不错，于是试着用英文回了一封传真。

做完这些的时候，胡晓有一些后怕，她在没有得到老板批准的情况下，擅自回了传真，而且不知道回得是否妥当。

第二天，她忐忑地来上班，刚到工位，便被老板一个电话叫到办公室，她更加紧张。

想不到老板一脸的笑意，原来正是因为她那份传真，为公司赢得了一项大合作。

多承担一些责任，能够很好地树立自己的形象。承担责任光荣，推卸责任可耻，能力越强，也越受公司重视，以后得到的机会也会越多。要有承担责任的胆量，既然老板给了你这个机会，就要抓住，不要推脱。要有信心做好，做错了也没有关系，换个环境还有机会。如果不敢承担责任，那么机会不会主动找到你的头上，成功一定不属于你。

承担责任要紧，但也不要承担过多的责任，不要抢其他人的责任。在工作中不要让自己的责任超过自己的上司，不要对公司的爱超过自己的上司。如果你的上司是一个不爱公司的人，而你是"以公司为家"的人，这便会给你的上司带来压力，也会给自己带来潜在的危险。在行动上，要"守本分"，按照自己的职责去做事情，承担适当的责任。

要知道，累到了极限的牛如果背上再多加一根稻草，就会把它压垮。责任也是这样子,如果自己承担了过量的责任,首先对自己不利。如果你做了本来是同事应该做的事情,就是承担了同事的责任,也就是给自己身上加重了砝码,你就要拿出更多的时间和精力去完成分内的任务。

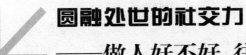

圆融处世的社交力
——做人好不好，往往决定事情顺不顺

人与人之间的交往，需要包容和耐心。这些就像是人际交往的润滑剂，能够缓和或者化解彼此之间尖锐的矛盾。人生在世，总能碰到不顺心的人和事，这是再正常不过的现象，只要你对他人多一份体谅，心中就能多一份安宁，同时也更容易获得融洽的人际关系。

人生要有几个知心的好友

每个人都是社会的一员，需要有人陪伴，而有几个知心的好友，会觉得格外温暖，那是最大的幸福，那是最大的乐趣，那是最大的满足。

当你在寒风冷夜中独行时，当你在漫漫旅途中寂寞跋涉时，当你在万里晴空下无奈时，你会想到要有一个真正的朋友，时刻陪伴在你的身边。

每个人都需要有朋友，一起哭，一起笑，一起分享快乐，一起体验孤独，一起面对不幸。

一个人如果没有朋友的话，工作中就等于少了一个志同道合的挚友，学习中就等于少了一个共解难题的学友，生活中就等于少了一个嘘寒问暖的密友。

一个人如果缺少朋友的话，他就会少见少识，他就会孤陋寡闻，他就会停滞不前，他就会默默无闻，没有朋友的生活是枯燥乏味的生活。

朋友像是能装饰门面的华服，也像是能恣意栖息的港湾，更像是保驾护航的帆船。

每个人都会有几个知心的好朋友，如果以下 8 种朋友都有的话，一定是最完美的朋友圈。

忘年交。对方最好比你大很多，也许有代沟，但是能彼此理解，一个时代的人对另外一个时代的理解，求同存异。这样的朋友，像是一座可以依赖的大山，像大海一像包容，永远走在你前面，提醒你你将要经历什么。

红粉（蓝颜）知己。男人和女人，是可以成为朋友的，这种友谊，比友情要深，比爱情要少，比友情热一些，比爱情凉一点。不过，与异性，一定不要打破朋友的界限,否则再也不会成为朋友。有一个异性的朋友,可以帮助你从另外一个角度看问题,也可以给你更多的呵护或是温柔,甚至还有很多美妙浪漫而无愧的感动。

远方的朋友。远亲是不如近邻,但是有的朋友,可以远一些。可以是在另一个城市,可以是在网络的另一边,也可以是在遥远的海的那一边,这样的朋友,不怎么常见面,但是见面了却不会有陌生感。这样的朋友,在另外一个地方给你传递着另一个世界的讯息,变相地开拓了你的视野。这样子的朋友,一定是心灵相通的朋友,否则无法一直维系。

心情医生。心情医生可以接受你的一切情绪和烦恼,并且及时帮你化解。这样子的朋友,最善解人意,也最贴心。会是你最好的倾听者和安慰者,你流泪的时候,总会静静地陪在你身边,为你提供最好的良药。

推手式朋友。这样子的朋友最擅长鼓励,总是会把你推向终点。会给你很多建议,虽然有时候他们的事情还一团糟,但只要你开口,他们一定会甩开膀子帮你处理种种的问题,慷慨地牺牲着自己的时间,协助你找自己的优点和方向。从来不会忌妒你或成为你的竞争对手,总是站在你的身后鼓舞你,并为你的成功而开心不已。

志趣相投的朋友。这样子的朋友,因为基于一定的爱好,可能对运动、嗜好、信仰、工作、政治、食物、电影、音乐或书籍有相同喜好,可以在一起消磨很多时光,是亲密友谊的基础。

开路者。开路者像是一位导师,可以拓展你的视野,鼓励你接受新观念、想法、机会、文化。帮助你拓展个人视野,为你带来无数正面的变化。他们可以给你建议并指引方向。他们会让你了解自己拥有或缺少什么能力。他们可以和你分享目标和梦想,并一针见血地帮你点出达成梦想与目标的方法和途径。

开心果。有开心果在身边,永远都充满了笑声。你的生活会因为他们而变得丰富。他们总是有办法让你精神大振、心情大好。他们永远都有花样,和时代最接近,和他们相处时,你会积极地面对生活。当你心情跌至谷底时,开心果可

以很快地让你恢复正常,有本事让你有好心情或锦上添花。

没有朋友的生活是难熬的岁月,没有朋友的生活是备尝艰辛的生活,没有朋友的生活是非常单调的生活,没有朋友的生活是形同于漂泊与流浪的生活。

人生中所交的朋友,其实都是值得珍惜的。许多人渴望认识合乎理想、心意相通的朋友。一个人在生活和工作中的朋友会很多,但不一定都是真正的朋友,只有经历了时间考验的朋友才能算得上是真正的朋友。

想有什么样的朋友,自己就应该是什么样的人。想要有朋友就应该先够朋友。若想与朋友和睦相处,就一定要讲究技巧,注意言行,把握分寸。

与朋友相处,要真诚、坦率地与人相处,要言出必行,信守承诺。也要保持亲和度,容易让人接受。如果每天总是板着脸,拒朋友于千里之外,朋友也会越来越少。与朋友相处,一定要懂得尊重对方的隐私。在指出对方缺点的时候,态度尽量委婉。与朋友相处,还要注意的是一定要公私分明,互相帮助可以,但不要提让人为难的要求。

别以为好朋友就应该包容自己的一切

好朋友之间,无疑应无所不谈,无所顾忌,但是不要以为好朋友就应该包容自己的一切,不要对朋友做太过分的事。朋友之所以成为了朋友,是因为彼此尊重,彼此呵护,彼此珍惜。

朋友是两个人关系的解释,但并不能打着朋友的旗号做伤害朋友的事,不要以为朋友会无限度地宽容自己。朋友之间,虽然心灵相通,但毕竟是两个独立的个体,帮助你或者包容你,不是朋友的义务,只是道义上的付出。

受了委屈,被人欺负,气又无处可撒,回来把朋友当成垃圾桶,抱怨几句,诉说你的烦恼和苦闷,朋友会倾听你、理解你、支持你、信任你,但是,他没办法帮你包办一切。

有的时候,还会对着朋友使使性子,摆摆架子,朋友也只是笑笑,不会计较,但是,并不意味着他们不会难过,不会受伤,会一直纵容你。即使是肝胆相照、两肋插刀的朋友,即使曾经不分彼此,惺惺相惜的朋友,也不一定能永远包容你。

包容,是有限度的,也是有条件的。

父母包容你,是因为血脉相连,会无限度地包容。恋人包容你,是因为爱慕和吸引,情到深处,会大方地包容对方的一切优点缺点。爱情变了,恋人会变得不再包容。

友情也一样,朋友包容你,是因为在意。友情变了,朋友也会不再包容,没有任何一种友情,可以被无限度地溺爱和纵容。

二十几岁的人,要将朋友和自己之间的关系,放在平等的地位上,不能因为对方是朋友,就无理地要求对方一味地包容自己的缺点。

其实,朋友是一面镜子,真正对你好的朋友,是不会一味纵容你的言行的,你做错了事,说错了话,做朋友的为你指出来,是对你负责,是真正为你着想;如果任由你无法无天,一味放纵你的言行,有了错误也不帮助你改正,任你跌进无底深渊也懒得拉你一把,这种所谓的放任和包容,不仅于人于事无益,还会助长你的任性和无知,实不可取。

陈晓静和张玉泉是很好的朋友,因为两个人一样高,一样扎着马尾辫,一样是福建人,还一样聪明可爱。但是两个人的性格却截然不同,一个温柔娴静,一个刁蛮可爱。陈晓静没事喜欢泡图书馆或是去健身房游泳,张玉泉却喜欢在电脑前打游戏或是去操场练球。但是两个人却可以玩到一起,今天你陪我,明天我陪你,好得跟一个人一样。两个人也有矛盾和冲突,这个时候,一般都是陈晓静让步,好朋友不高兴,她也会跟着不高兴。但是有的时候,她心里也会难

过，觉得张玉泉太任性了，如果她晚上饿的话，一定要拉着自己去吃东西，不管别人愿不愿意。

而且，张玉泉有什么事儿都爱找陈晓静说，她是一个什么话都藏不住的人，陈晓静也是一个好听众，从来没有散布过张玉泉的小新闻。有的时候，陈晓静也会将自己的一些秘密说给张玉泉听，比如和男朋友在一起出现了什么问题，但是后来她发现，她的这些秘密在其他同学那里都已经传开了。

而她，只对张玉泉一个人说过。她很生气，但她并没有找张玉泉质问。她忍了下来，再也不去张玉泉的宿舍，也不再叫她上自习。张玉泉意识到了陈晓静的变化，为了弥补过错，她买了好友爱吃的糖和水果，专门送过去。

陈晓静的气一下子消了，两个好朋友和好如初，似乎什么都没有发生过。陈晓静还是最会认真地听张玉泉的抱怨和不满，但是却不会将自己的隐私告诉她了。

张玉泉很难过，可是她知道，她已经失去了朋友的信任。陈晓静虽然原谅了自己，但是她的心还没有修复。

是朋友，就更应该尊重朋友，不要强朋友所难，也不要做伤害朋友的事，耗尽朋友的宽容，即使再如何修补，都无法回到当初。心存芥蒂的两个人，不再讲知心话，不再讲女孩子之间的小秘密，或许，离成为陌路也不远了。

被好朋友包容是一件幸福的事，这样子的朋友更值得去珍惜，这样的友情更值得去呵护。

人总是需要朋友的，没有朋友的日子，会显得格外落寞孤单，所以，要好好地珍惜朋友。虽然不能一味地要求朋友宽容自己，但一定要学会宽容朋友。当然，这个宽容也是有限度的，在自己的限度之内，不要太委屈自己，也不要太为难自己。如果真的无法再容忍朋友，大可以转身离开，毕竟，人有绝交，才有至交。

试着从你不喜欢的人身上发现优点

我们对这个世界的认识，从来都是选择性的。你可以将注意力放在好的积极的事情上面，也可以放在消极的事情上，但它们的结果是不同的。

人与人，有的时候结的是善缘，有的时候结的是恶缘。结了善缘，你会觉得对他不由自主地亲近喜爱。结了恶缘，你又会有一种发自内心的讨厌，光看对方的模样就觉得讨厌，他的一举一动，都让你不顺眼、不喜欢，甚至连发型和动作都可以嫌弃。

不喜欢一个人，问题不一定出现在对方身上。喜欢和讨厌都是主观感受。比如看到青色花纹的东西，你会联想到毒蛇。喜欢或是不喜欢，可能起因于自己过往的经验中，在某一时刻停驻过心头的记忆，也可能是过去所带来的好恶，以至于见到某体形的人着某种衣服、闻到某种味道、听到某种声音、看到某种颜色，都会产生自然的心理反射作用。从此以后，看到这类型的人你就觉得反感。

所以，如果某个人让你觉得很讨厌，可能是你过去没有和他结善缘，或根本结的就是恶缘；也可能是你在这一生中，没有意愿要与这类型的人结缘。茫茫人海，芸芸众生，人和人能聚到一起，本身就是一种难得的缘分。

本杰明·富兰克林曾说："永远不要说人的坏话，多称赞别人的长处。"每个人身上都有优点，都有值得自己学习的地方。

懂得欣赏别人，实际上是在为自己铺路。创业中发现和认识别人的优点，从而检讨自己的不足，才会慢慢走向成功。善于发现别人的优点，并把它转化

为自己的长处,你就会变为聪明人。只有善于发现别人的优点,接纳别人的人,才能赢得大家普遍的欢迎:欣赏别人的谈吐,会提高我们的口才;欣赏别人的大度,会开阔我们的心胸;欣赏别人的善举,会净化我们的心灵。

善于欣赏别人,发现别人的优点,也是一种境界和美德。没有人是天生完美的,从不喜欢的人发现缺点,其实就是少一点挑剔,多一点信任;多一点热情,少一点冷漠;多一点仰视,少一点鄙视。

你欣赏了别人,别人才会欣赏你,人们之间不是没有矛盾,人们之间也不是百分之百地和谐,这种和谐都是建立在相对基础上的。和谐与不和谐,竞争与共存是同在的。站得高一点讲,就是用中庸之道求得平衡,不偏不倚,在适度中求得生存,谋得发展。

大二的时候,开了一门西方经济学的课程,这是陈磊最不喜欢的课。他不喜欢的原因是老师的声音太难听,而且满是方言,他根本听不懂,于是生起一种反感。

虽然一直排斥这门课,但是他并不逃课,只不过是在上课的时候做其他的事情。他身边也有很多同学不喜欢这位老师。但是,慢慢地,他发现,越来越多的同学开始喜欢这位老师了,他虽然音色不好,方言重,但是他深入浅出,将这门枯燥难懂的课,讲得栩栩如生。

陈磊也开始用心去听讲,果然,这位老师才华不浅,很幽默,很乐观,能爱学生,也能和学生们打成一片。他们最后还成了球友,一直到这门课结束,他都忘记自己原本很讨厌这门课了。

不喜欢的食物,可以变喜欢。不喜欢的颜色,也可以变得顺眼。同时,不喜欢的人,也可以变得喜欢。关键是自己要有一颗不偏不倚的心,不要先入为主,用刻板模式看人。别人本没有那么丑恶,你只要稍稍调一个方向,换一个角度,就会感觉天地一下子宽了,天下一下子就太平了。

很多时候,改变一下立场,或是打破一些思维定式,看到的世界也会有所不同。人与人彼此不同,生活中不是缺少美,而是缺少发现美的眼睛。如果每个人都有一双善于发现并欣赏他人优点的慧眼,我们的生活将会变得更加美好。人,要学会用慧心慧眼看他人,一家公司,一个团队,乃至一户人家,都是因为彼此包容了缺点、发现了优点,才能更好的合作,一起获取成功。

得体地应对不尽如人意的人和事

人生不如意的事十之八九,这是常态,没有人能逃得过,但是每个人又都能得体地应对这些不尽如人意的人和事,只是如果想要得体地应对,需要慢慢修炼。很多时候,我们的品格、品质和内心是我们面对生活考验时最大的财富,相信自己,一定能够重新出发,成为人群中站得最直的那个,因为经历过,就知道如何不重蹈覆辙。多年后回首当时的惊慌失措,你会发现一切的困境,都是过眼烟云。

赵玉霞的 2010 年很不顺,不顺到自己都不堪回首。爸爸生病,侄子生病,就连一向健康的自己,也开始发现身上经常腰酸背痛,经常因为肩痛得要命无法安静地坐在电脑桌前。

毕业了,却没有找到合适的工作,为了生存,跻身在一个小小的民营公司。老总是一个没有大智慧的人,总是盯着一丁点的小事啰唆个没完,每天都是大会小会不断,老板又是话痨,总是有太多的话说不完,还是废话,她实在不喜欢听。晚上 6 点半下班,可是正常能回家也得 7 点多了。她不喜欢回家那么晚,但是迫不得已。只能坚持着。

本来跟男朋友关系很好已经到了谈婚论嫁的地步了,男朋友突然迷上了另一个女人,很快变心了。她欲哭无泪,默默地接受了这一事实。

赵玉霞打算离开这个城市了，工作不开心，生活不开心，爱情也不开心，为什么还要留在没有朋友的地方呢？犹豫了很久，她选择了回家。父母年迈，需要人照顾。她是一个女孩子，没有野心，只想过最简单的生活。

找到了方向，她开始找机会，到最后，她决定自己做生意，也得到了父母的支持，他们给了她第一笔启动基金，30万。虽然不多，但是他们所有的家当了。赵玉霞压力很大，但她还是咬着牙坚持了下来。她是在一家学校门口开了一家粉店，卖各种各样的粉，因为量大味美，口口相传，吸引了很多学生。

有人提议要加盟，她也答应了，连锁店很快开到各个大学的门口。成功与否没关系，她的本儿总算收回来了，总算松了口气，这是爸妈养老的钱。

一天晚上，她从店里收账出来，趁着夜色，看到一个很熟悉的身影，她有一些恍惚，定下来确认了来者。她有一些意外，但却什么话也说不出来。那个人的脚边一地的烟头，看来是站了很久。

终于，她还是开口："你怎么来了？"

他说："想来看看你，找了好久，打听了好久，才知道你已经回家了。"

她在心里想，我已经回家有快一年了，一年前的今天，两个人似乎还在热火朝天地讨论选哪家婚庆公司来主持婚礼，选哪家酒店大宴亲朋，转眼，物非人也非。

他说："这些日子，你过得好吗？"

她点点头："挺好的。"她没有反问，只是貌似开心地夹着菜，热气腾腾的毛血旺，吃在嘴里，有一些烧心。

最后，他送她回家，这条路，他曾经走过无数次，却从来没有像今天走得这么艰难，她礼貌地请他上去，他却没有勇气面对两对老人。

她看透了他的心思，笑着走进了电梯。门关上的那一刹那，泪不争气地流了下来。终于彻底放下了，或许，一直等的就是他的求饶，她才觉得自己没有输。可是求饶又如何呢，她不可能再跟他回去了。

她很庆幸，自己得体地度过了那段日子，没有迷失原来的自己，也没有自怨自艾地沉沦下去。

世界是那么美好，请不要执著于那些过往的遗憾。很多时候，那不是你的错。换个角度，换个方式看自己，你就会发现，经历也是一种美，是如此精彩，你将迎来更丰富的人生。

有这么一个故事，有一位年轻人坐火车，一直在看书，不怎么理会身边的女朋友。他的女朋友给他新买了一双鞋，想让他试一下，他怎么都不肯，说自己脚有异味。女朋友觉得有些失自尊，一把将鞋子从窗户扔了出去。

年轻人看到了一愣，马上将鞋盒里的另外一只也飞快地扔了出去。

对面观战很久的老人被两个人逗笑了，他问年轻人为什么要这么做。

他回答说："这双鞋丢了一只便不完整，捡到的人不能穿，我留也不能穿。但是现在很可能是一个人同时捡到一双鞋啊。"说完哈哈大笑，女朋友也不好意思再生气，跟着也笑了起来。

遇到不开心的事，就像年轻人一样，开心地应对，娱人娱己。要学会积极地面对，乐观地处理，学会接受积极暗示而不是消极暗示。人生在世，要懂得快乐，并善于快乐，这是一种智慧，一种气度。

同时，学会主动采取一些方法来处理坏心情。可以向最好的朋友诉说，这是一种简单而有效的方法，将不高兴的事讲出来，经朋友或亲人劝解、开导，可以获得帮助，能使不好的心情得到缓解。

学会抵制各种诱惑，不要攀比，人比人得死，货比货得扔。懂得知足，那些不快乐不如意的事便会被轻而易举地化解。

要学会承认并接受现实。时间是不可逆的，发生的事情无法剔除，经历的事情无法替换。既然如此，就要学会接受它，承认它，承受它。生活还要继续，让过去过去，让未来到来，只有如此，才能轻装上阵，过于执著曾经的不如意只会牵绊你的脚步。

也可以采取运动的方式来摆脱身上的不快，跑步，做操，打球，出透一身汗，心情会轻松许多。

　　得体地应对种种不如意，是风度，是修养；是从容，是风范；是智慧的沉淀，是理性的选择。当走出困境的那一天，回首过去，最开心的事或许并不是掌控了自己的人生，而是留下了最美的姿态。

让身边的人喜欢你的几个简单技巧

　　宫城县有位老太太叫赤沼，今年83岁，和爱犬"Babu"一起生活。那天海啸袭来30分钟前，Babu突然不断地叫着要往外跑，于是她给Babu戴上了颈圈，可一出门Babu就死命拽着手持皮带的赤沼老太太往山丘上跑，途中老太太走不动时，Babu又到她腿边来边叫边拱，最后，当她到达高坡上时，家已被海啸吞没了。

　　这是一个真实的故事，狗的灵性，狗的忠诚，让人感慨不已。在突如其来的灾难或困难到来时，能救你一命的或给予你及时帮助的，往往都是你的身边人。

　　远亲不如近邻，远水也解不了近渴，所以，与身边的人相处极为重要，无论是在学校公司还是在小区，他们是组成你周围环境的主力，也是影响你生活的关键人群。与身边的人保持很好的关系，气氛融洽，自己也甚觉轻松，才会有更好的发展空间。身边的人，总结起来就是朋友、同事、邻里。与家人是亲情，与朋友是友情，与恋人是爱情，与同事是战友情，情来情往。所以，无论与谁相处好，都要有很高的情商才行。

　　与朋友相处。最重要的是要尊重、真诚。而且，朋友之间，双方的地位是平等的，是有距离的，是相互欣赏的，这种朋友关系对双方都有好处。认清朋友是独立的个体，不能因朋友不能给予而感到气恼，接受每个人的个性。如果有时他们的观点与你迥异，你不要觉得无法忍受。

遇到问题时一定要先站在朋友的立场上为对方想一想，这样一来，这样做，能更好地维护朋友之间的友情。不过，真诚并不等于完全无所保留、和盘托出，最好还是有所保留，切勿把自己所有的私生活都告诉对方，因为将自己的隐私告诉对方，会给双方都带来心理压力。

异性朋友之间，不要太亲密，以免引起不必要的误会。和一般的异性朋友要保持必要的距离，不要在工作以外的时间打对方的电话，在异性上司面前也要洁身自好，不要越雷池半步。

与同事相处。同事是与自己相处最长时间的人，即使不加班，每天也有超过 8 小时的时间在一起。和谐的同事关系对你的工作不无裨益，不妨将同事看作工作上的伴侣、生活中的朋友，千万别在办公室中板着一张脸，让人们觉得你自命清高，不屑于和大家共处。无论能力高低，都不要心存自大或是自卑情绪。同事之间，既是同盟者，又是利益的竞争者。专心投入工作中，不耍手段、不玩技巧，但绝不放弃与同事公平竞争的机会。

与家人相处。与家人相处，一定不要撒谎。无论是开心还是悲伤，他们都会真心地站在你的这一边。即使犯了天大的错误，从他们那里得到的也是原谅，要懂得与他们分享。

与邻里相处时，要保持低调和尊重，尊重传达室里的师傅及搞卫生的阿姨，把垃圾扔到垃圾桶，在公交车上给老人让座，这些小事能在很大程度上增加你的魅力。

总之，一定要珍惜身边的人，对身边的人好一些，也是为了自己好。

陈红娟是一个恶人，大家都这么认为，没有人喜欢她。她从来冷着一张脸，无论是对同学、朋友，还是对自己的家人。薛英也很讨厌陈红娟，但是还必须要相处，因为她们两个住同一个宿舍。本来是 4 个人，其他两个人家是本地的，只是上课的时候来拿一下书本而已。

因为无法和陈红娟沟通好,薛英不经常在自己宿舍里待着,要么图书馆,要么好朋友的宿舍,她只是不想对着陈红娟的冷脸,像是别人欠了她什么一样。有一天晚上,薛英照例在朋友那里一起玩,因为时间晚了,就爬上去,跟朋友一起挤着睡。

第二天,打开自己宿舍房间门的时候,她呆住了,陈红娟倒在洗手间门口,面色惨白。薛英连忙叫了好朋友过来查看情况,打了120,叫了男生,才将她送到医院,救回来一条命。原来,陈红娟是半夜觉得胃里恶心,想吐,结果没有走到洗手间就支撑不住,胃疼痛难忍,叫也叫不出来,更没有力气爬起来,最后在冰凉的地板上疼了半夜,直到被人发现。

医院检查出来她需要住院治疗,可是却没有最亲密的朋友陪床。于是,薛英打电话让她的家人来。家人赶来,但那也是第二天晚上的事情了。

如果陈红娟平时能和大家相处好,就不会在生病的时候被人冷落至此。

让身边的人喜欢你,其实并不难,除了上文所说的,保持最简单的礼貌、真诚、善良外,还有几个简单的技巧。

1.保持微笑

都说"伸手不打笑脸人",与别人交谈时,笑容是杀伤性最强的一种秘密武器。你的微笑会让对方放松戒备,很快与你成为无话不谈的好朋友。

2.幽默可爱

一个人,如果懂得幽默,无疑会增加自己的魅力,会讨人喜欢。有一次竞选"香港小姐"时,评委向选手提了个特别的问题:"你愿意嫁给肖邦,还是希特勒?"这位选手笑着回答:"我愿意嫁给希特勒。"全场愕然,选手接着说:"假如我嫁给希特勒,也许就不会发生第二次世界大战。"满堂为之喝彩,该选手一举夺魁。正是她如此一举突破思维定式的幽默,使她赢得了评委的喜爱,更使她戴上了众多竞争者梦寐以求的桂冠。

3.自信独立

自信独立的人,会让人觉得你有能力,有教养,会让人愿意主动接受你。

当然,即使有很多人喜欢你,但也不要期望所有人都喜欢你,那是不可能的。最重要的是,一定要自己喜欢自己。

莫让忌妒成为你身边的炸弹

有人说,与其让人同情,不如让人忌妒。别人的忌妒从某个方面来说,也是对自己才能的肯定,这说明了你在某个方面是占有优势的。黑格尔说:"忌妒,是平庸的情调对于卓越才能的反感。"忌妒几乎人人都有,它是人们普遍存在的病症。当妒火中烧,如若不能及时化解,就会影响到自己的人际关系。

忌妒,有些时候就像是一枚炸弹,说不定哪天,导火索引燃,就会招致不可预知的灾祸。

张鹏在一家大公司的企划部工作,是个很有才华的年轻人。近期公司有一个重要项目,张鹏第一次挑了大梁。他精心准备了一个月,终于把一份完备的计划书送呈老板面前。在会议上各部门主管都一致赞许他的真知灼见,老板更是赞赏有加,喜上眉梢。张鹏春风得意,难禁喜悦之色,大有世界都属于自己的感觉。

同事们都向张鹏表示祝贺:"看来,老板就只信任你一个!""经理这个位置,非你莫属了!""嘿,他日成了一人之下万人之上,千万别忘记我啊!""你的聪明才智,公司里没人可及哩!"

张鹏有些飘飘然了,他感慨道:"是金子总要发光的,这一天终于被我等到了。看着吧,以后我会表现得更好,我可不想在单位窝窝囊囊过一辈子!"

张鹏这番表白,听起来慷慨激昂,但是在听者耳朵里,却未必舒服。有些人

是很自私的，你呼风唤雨，一定惹来这些人的妒忌。表面上，他们或许阿谀奉承，甚至扮作你的知己和倾慕者，私底下却恨你入骨也说不定。在你兴奋忘形之际，也许正是你自埋地雷之时。

叫别人妒忌你，是愚蠢的行为，这样只会给自己无端树敌，会给日后带来不必要的麻烦。解决这样的麻烦，就要从问题的根源入手。忌妒的产生是因为别人觉得你比他们强，那么明白了这一点，就好办多了。在与人交往的时候，尽量淡化你的优势，当别人觉得你没什么了不起的时候，就不会再对你有忌妒的敌意了。

1.介绍自己的优势时，强调外在因素以冲淡优势

你被派去单独办事，别人去没办成，而你却一下子办妥了。这时，你若开口闭口"我怎么怎么"，只能显出你比别人高一筹，聪明能干，而招致忌妒。但你要是这么说："我能办妥这件事，一方面是因为前面的同志去过了，打下了基础，另一方面多亏了当地群众的大力帮助。"这就将办妥事的功劳归于"我"以外的外在因素——"前面的同志和群众"中去了，从而使人产生"还没忘了我的苦劳，我要是有群众的大力帮助也能办妥"这样的借以自慰的想法，心理上得到了暂时的平衡。"我"在无形中便被淡化了优势，其实你的功劳，领导和多数同事是看得很清楚的，不要以为这样说就会淡化了自己的功劳。

2.言及自己的优势时，不宜喜形于色，应谦和有礼

人处于优势自是可喜可贺的事。加上别人一提起一奉承，更是容易陶醉而喜形于色，这会无形中加深别人的忌妒。所以，面对别人的赞许恭贺，应谦和有礼、虚心，不但能显示出自己的君子风度，淡化别人对你的忌妒，而且能博得他人对你的敬佩。请看下例：

"小张，你毕业一年多就提了业务厂长，真了不起，大有前途呀！祝贺你啊！"在外单位工作的朋友小李十分钦佩地说。"没什么，没什么，老兄你过奖了，主要是赶上了天时地利，领导和同事们抬举我。"小张见同一年大学毕业的小李在办公室里工作，谦虚地回答。

不难想象,小张此时如果说什么"凭我的水平和能力早可以提拔了"之类的话,与小李好相处那才怪呢。

3.突出自身劣势,故意示弱

人们往往对"弱者"降低警惕,并有一定的同情心理,也往往更能唤起别人的理解和支持。一个人身上的劣势往往能淡化其优势,给人以"平平常常"的印象。当你处于优势时,注意突出自己的劣势,就会减轻忌妒者的心理压力,产生一种"哦,他也和我一样无能"的心理平衡感觉,从而淡化乃至免却对你的忌妒。

比如,你是大学刚毕业的新教师,对最新的教育理论有较深的研究,讲课亦颇受同学欢迎,以致引起一些任教多年却缺乏这方面研究的老教师的强烈忌妒。这时,你若坦诚地公开、突出自己的劣势:教学经验一点都没有、对学校和学生的情况很不熟悉,等等,再辅以"希望老教师们多多指教"的谦虚话,无疑会有效淡化自己的优势,衬出对方的优势,减轻弱化老教师对你的忌妒。其实在生活中,每个人都有自己优于别人的地方,也有不如别人的地方。显示自己不如别人的地方,并虚心向别人学习,也正是为了巩固自己的优势,是一种在不被他人忌妒的情况下的巩固。

4.强调获得优势的"艰苦历程"

根据心理学上"通过艰苦努力所取得的成果很少被人忌妒"这一观点,如果我们处于优势确实是通过自己的艰苦努力得到的,那么不妨将此"艰苦历程"诉诸他人,加以强调,以引人同情,减少忌妒。

比如,在邻居、同事还未买车的时候,你却先买了。为了免遭"红眼",你可以这么说:"我买这辆车可不容易。你们知道我节衣缩食积蓄了多少年吗?整整6年啊!辛苦啊!我们夫妻俩都是低工资,一个硬币一个硬币地攒,连顿饭都不舍得在外面吃,太难了……"听了这些话,对方就很难产生忌妒之心。相反,或许还会报以钦佩的赞叹和由衷的同情。

巴尔扎克说:"忌妒者受到的痛苦比任何人遭受的痛苦更大,他自己的不幸和别人的幸福都使他痛苦万分。忌妒心强的人,往往以恨人开始,以害己而

告终。"英国哲学家斯宾诺莎说："忌妒是一种恨，这种恨使人对他人的幸福感到痛苦，对他人的灾难感到快乐。"学会淡化别人的忌妒心理，将有利于促进你与同事、朋友、邻里等减少彼此的隔阂与敌意，快乐地享受你的成功。

尽量不在背后论别人的短长

《伊索寓言》里有则故事，说伊索做奴仆的时候，一天，主人要宴请当时的一些哲学家，吩咐伊索做最好的菜招待贵宾。

伊索收集来各种各样的动物的舌头，准备了一席舌头宴。

开席时，主人宾客都大惑不解。

伊索说："舌头能言善辩，对尊贵的哲学家来说，这难道不是最好的菜肴吗"！

客人们都笑着点头称是。

主人又吩咐他："我明天要再办一次宴会，菜要最坏的。"

到了第二天，宴席上的菜仍是舌头。

主人大发雷霆，伊索却幽默地说："难道不是祸从口出吗？舌头是最好的东西，也是最坏的东西啊！"

人很奇怪，不喜欢听对自己有利的好话，反倒爱听议论别人的坏话。这就是为什么会有那么多八卦小报，会有那么多关于明星的恶意扭曲的新闻。曾经在哪一本书上看过一句话："看到别人被车撞是喜剧，自己滑一跤则是悲剧。"就是这个意思。办公室中，同事之间往往也是靠着一起说某人的坏话或是一起骂上司，建立彼此之间的"革命情感"。

假设今天上司很明显地整底下的部属，下了班后，几个被整的部属一起去喝酒抱怨，其中一个人不管身旁的人怎么同仇敌忾地臭骂上司，他都坚持不说一句恶言。老实讲，这样子的人，无论平时待人多么亲和，也一定会被大家疏远，因为这样子的人太不合群了。大家都在兴致勃勃地发泄，他却过于明哲保身。

说人坏话，是一个人的心理需求，根据美国心理学家米勒的欲望不满攻击理论，人一旦陷入欲望不满就会采取攻击行为，通过攻击行为来达到发泄心里的不满。从心理学的角度看，不论是肢体的暴力（对象最好是控制在垃圾箱或厕所门之类的范围内），还是直接的口头攻击、背后说坏话，心里积蓄下来的不满不发泄出来，不满就会越积越多；发泄出来，心情多少会变得舒畅起来。

人多多少少都会讲人家的坏话，多多少少都会有讨厌不公平的事等情绪反应。我们可以理解背后论别人短长的现实存在，但是并不意味着可以任由这种事情在自己身上泛滥。

很小的时候，就被家人告诫：静坐长思自己过，闲时休论他人非。因为有时毁灭一个人只需一句话，培养一个人却需要千万句话，论别人长短，虽然只是自己一时的谈资，但是却可能给其他人带来致命的伤害。

人与人之间的距离，最远不超过 6 个人，即使一个在你看来绝无可能与你建立起关系的陌生人，你们之间的距离，也绝不超过 6 个人。你背后说人坏话，难免会传到当事人耳朵里，这个时候他会怎么想，或许会忍在心里，成为负担，带来误会。也或许会找那些散布的人质问，冲突便由此而生。常常是本来关系很好的人，因为这些误会，变得老死不相往来。甚至，有人会为此丢了性命。

流言散布的速度非常之快，而且，每一条流言最后都会严重走形，过度夸大，失去了原来的样子。

其实，在说别人坏话的同时，损坏的也是自己的形象。当你向自己的朋友数落别人的不是时，朋友看的是你的脸。或许最后他不记得你说了什么，但却会记得你曾经说过。人都有同情心。你越是说人家不好，周围的人就越会对你产生反感。尤其是当被你说的人不在现场时，更是这样。实际上贬低别人未必真的能够抬高自己，相反，被贬低的人反而赢得更多的同情。

很多话，一旦说出来，就再难以收回，即使是明白了自己当时的错误，也很难再更改曾经的言辞。如果我们不能确切地知道别人的事情，不知道真相是什么，一定不要随便附和，听了也不要信，更不可做万恶的传声筒。假如觉得除了议论人是非外没有别的话好说，那你泡杯茶，闭目养神，看看书报、电视也是个不错的选择。所以，最聪明的办法是不说别人坏话，如果要说也要选择当面的时候说。如果当面不能说，就一分为二地说。这样的话，你将始终处于主动地位。

原谅伤害自己的人

寒山子问拾得："世间有人谤我、欺我、辱我、笑我、轻我、贱我、骗我，我当如何处之？"

拾得曰："只要忍他、让他、避他、由他、耐他、敬他、不要理他，再过几年，你且看他。"

这样的禅语中其实包含了人生的很多哲学，而宽容则是很重要的人生哲学。

传说中有两个朋友在沙漠中旅行，在旅途中，他们吵架了，一个决定趁着天黑多赶一些路，另一个认为没有必要这么着急。双方争执不下，又不能扔下其中一个自行离开，因为两个人的东西都合在一起。

一个气急之下给了另外一个一记耳光。被打的觉得受辱，一言不发，在沙子上写下："今天我的好朋友打了我一巴掌。"打人的朋友有一些后悔，但是出于面子，道歉的话还是没有说。

他们继续往前走，终于走出了沙漠，还发现了海。他们就决定停下，在这里清洗一下，这个时候，一个浪打来，被打巴掌的那位差点淹死，幸好被朋友救起来了。被救起后，他拿了一把小刀在石头上刻了："今天我的好朋友救了我一命。"

那个朋友终于忍不住问道："为什么我打了你以后，你要写在沙子上，而现在要刻在石头上呢?"

另一个笑笑回答说："当被一个朋友伤害时，要写在易忘的地方，风会负责抹去它；相反地，如果被帮助，我们要把它刻在心里的深处，那里任何风都不能磨灭它。"

1.我们要学会原谅自己的朋友

生活里，我们对朋友的要求是很苛刻的，容不得对自己的一点点背叛。越近的人，因为彼此太在意，才越容易产生误会。但是，朋友也有自己的空间和天地，还有另外的交际圈，他的所作所为一定有另外的解释。学会原谅朋友，如果连朋友的错误都不能包容，也就不能称之为朋友。原谅朋友，因为他们曾经给过你帮助和快乐。因为在你寻找快乐的旅途中，有他们陪你一起走过。人生一世，没有什么是不可原谅的，随着时间的推移，一切都会过去。有一天你会发现，是朋友，就一定还会回来。而你心里早一天忘掉那些气头上曾经说过的或者听到的话，就早一天心里原谅对方或者自己，最大的受益人不是对方，而是自己，你会快乐，会释然。

2.我们还要学会原谅自己

原谅别人是种高尚美德，原谅自己是种健康心态。要想真正地享受生活中的酸甜苦辣，一定要有一颗宽容的心，一定要学会原谅。然而在现实生活中，有些人往往既不能原谅别人，也不能原谅自己。

不原谅别人的人，其实就是和社会合不来。自以为是，总去追求完美无缺的环境，殊不知社会上根本就没有完美的人。不原谅自己的人，其实就是和自己过不去。

不原谅伤害自己的人，一直记着别人的伤害，会给心理带来负担，影响心情，无法做正常的事情。原谅一个人，是在救赎别人，也是在释怀自己。

原谅了别人，放弃的是旧怨。原谅了自己，得到的是新生。原谅了别人，心

里风平浪静,原谅了自己,眼前海阔天空。原谅别人不易,原谅自己更难。学会原谅别人也会得到别人的原谅,学会原谅自己必会得到自己的安康。

这个世界上,每个人都会犯错误,犯错误是正常的。要学会把已经发生的一切都看成是正常的,要勇敢地承认现实,接受现实。学会为自己找出犯错的"借口",忘掉以往所有的过失,切莫再抓过去的弱点、缺点、过失不放,太苛求自己,只会使自己丧失自信和勇气,放弃了希望与上进。

你应当丢下包袱,轻装前进,赶快从自怨自责的泥潭中跳出来,朝气蓬勃地投入到新的生活和事业中去。总结经验教训,很平静地分析我们过去的错误,从而在错误中得到教训,做到"经一事,长一智",避免再犯类似的错误,以及少犯其他错误,使错误变得对你更有价值。

3.你必须原谅亲人

人生一世,只有亲人与你共度的时光最长久,也只有亲人对你永远是真心相爱的,成为了亲人,就是一生一世的事情。有的时候,因为种种原因,你最亲的人也会伤害你,但是你要明白,这些伤害可能是人与人之间的常态现象。学会原谅亲人,无论他们做错了什么,也无论他们怎样伤害了你。

4.学会原谅你的敌人

曼德拉是南非的前总统,他身上有许多令人景仰的地方,包括他饶恕过去曾经迫害过他的人所体现出来的宽容。

27年漫长的牢狱给他的身心带来严重的伤害,但他立志绝不向过去的仇敌和曾经迫害他的人报复。他说:"当我走出囚室、迈过通往自由的监狱大门时,我已经清楚,自己若不能把悲痛与怨恨留在身后,那么我其实仍然身陷牢狱。"从监狱出来的曼德拉,充满尊严、克制。他呼吁黑人克制复仇的欲望,"把长矛扔进大海"。

1994年在他的总统就职仪式上,曼德拉邀请曾经看守他的3位前狱方人员出席典礼,把他们介绍给世界各国的政要,并向这3个人致敬,令全世界为之震撼和动容。

在一个竞争激烈的现代社会里,你不知道何时就会多了一个敌人。难免会有人与你想法不一样,他可能会在背后议论你、诽谤你,把你当作敌人。即使你是一个与世无争的人,麻烦偏偏会找上你,这时你要怎么办?是让自己变得和敌人一样心胸狭小呢,还是时时记恨着有那么一些人陷害过你?以一颗宽容之心对待吧,因为你的愤怒只会影响到你自己和家人,不会影响到别人。你应该感谢你的敌人,因为那些丑陋能让你更加珍惜人生的美丽,会让你更清楚你想要的幸福是什么。

5.学会原谅生活

对于生活不要抱怨,其实,活着就是幸福,这句话是很有道理的。生活不会让你一直幸运、幸福,它会给你带来欢笑与悲伤,它会让你尝遍酸甜苦辣咸。假如你不能原谅,一定会难以承受,感觉自己生活在"水深火热"之中,受尽折磨。如果你能够学会原谅,你会感觉到无论是喜还是悲都是一种人生经历,总有一天你会明白,这些人生经历是你成长、成熟、成功的重要组成部分。

一生里,总要遇到各种各样的人,各种各样的事,总会被伤害。但是想想,自己在伤害别人的时候,也在被别人伤害。自己的内心深处是否也希望得到别人的原谅,换位思考一下,也尽自己最大的心力去原谅别人吧。学会原谅吧,它会让你生活得更快乐、更轻松。

能帮助别人的时候,尽自己所能

且不说助人为乐是中华民族的传统美德, 有时候在自己力所能及的范围内帮助那些需要帮助的人,这本身就是一种值得弘扬的品质。一个眼神、一句

话、一个拥抱，说不定就能让那些深陷困扰中的人得到鼓励和信心。

有位天使受上帝委派，扮作凡人，来到凡间。正走着，遇到了一个浑身溃烂的麻风病患者。天使出于同情，运用魔力，眨眼的工夫就治愈了病人，然后说："你的病好了，我不要你的感谢，只希望你能以同样的慈悲之心尽己所能地帮助别人。7年后的这个时候，我会回来了解你的情况。"

天使继续向前走，只见路边有一位衣不蔽体的人，双手摩挲着放在脚边的碗，原来是一个以乞讨为生的盲者。天使治好了他的眼睛，对他说："你现在能够见到光明了，你的生活也会因此而好转，我希望你从此以后，常怀慈悲之心，尽己所能地帮助别人。7年后的这个时候，我会回来了解你的情况。"

盲人欣喜若狂，睁大眼睛，贪婪地看着周围神奇的世界。他迫不及待地要去更多的地方看一看，甚至都来不及向天使说一声谢谢。

后来，天使又遇到了一个跛足的人，同样也治愈了他。这人看到自己能够像正常人一样走路了，高兴地对天使千恩万谢。天使对他说："你现在有了强壮的双腿，我希望你要将这种福气变成祝福别人的源泉，尽己所能地帮助别人。7年后的这个时候，我会回来，了解你用你的健壮的双腿干了些什么。"这人回答说，他将按照天使的要求去做。

7年过去了，天使如约来到人间。他首先找到了那个得过麻风病的人。但是，这个人没有认出天使，因为天使化成了一个麻风病人的样子。天使走到这人面前，伸手乞讨，这人立即恶语相向，要他滚远一些。天使很失望，眨了眨眼睛，这人又变回麻风病人。

接着，天使又找到了那个曾经是盲人的人。天使化成一个盲人来到这人的家门口，希望得到他的帮助，可是这人连看都不看他一眼，就要把他轰走。天使生气了，眨了眨眼，于是这人又重新成了一个瞎子。

天使化成了一个跛足的人，找到了那个也曾经同样身体残疾的人。当这个人见到天使，立即走上前，抱住他，说："你来得正好，因为7年前给我治好腿的朋友今天会来我这里，我相信他也一定能治好你的腿。"天使听到这儿，禁不住流下了欣喜的泪水,总算三个人中有一个人还知道善待别人。他祝福了这人,然后返回天上。

每个人的一生都不可能一帆风顺,那么当工作和生活遭遇不幸的时候,当身陷困境无法自拔的时候,我们是多么希望别人能够搭把手,可是你有没有想过,在别人有难的时候伸出自己的手?如果我们能够设身处地地替他人想一想,这个世界将会变得更加美好。

在漆黑的夜晚,一个苦行僧走到一个荒僻的村落,他看到一盏昏黄的灯正从巷道的深处亮过来,提灯的是一个盲人。

苦行僧百思不得其解,一个双目失明的人,挑一盏灯笼岂不可笑?僧人于是问:"敢问施主,既然你什么也看不见,那你为何挑盏灯笼呢?"

盲人说:"现在是黑夜吗?我听说黑夜如果没有灯光的映照,那么世界上的人都和我一样是盲人,所以我就点燃了一盏灯。"

僧人若有所悟地说:"原来你是为别人照呀?"但那盲人却说:"不,我是为自己!"

"为你自己?"僧人又怔住了。

盲人问僧人:"你是否因为夜色漆黑而被其他行人碰撞过?我就没有。虽说我是盲人,但我挑了这盏灯笼,既为别人照亮了路,也让别人看到了我而不会碰撞到我了。"

"将欲取之,必先与之",这是老子的话。这个道理今天仍然适用。

帮助别人,也是在帮助自己。比如一场团体比赛,大家都是在彼此帮助中变得强大,并最终取胜,最后赢得了团体的胜利。团体的胜利,也是自己军功章里的一个纪念。

平时乐于助人,遇事自有人帮。要想遇事得到别人的帮助,就要在平时多多帮助别人。

人的一生,虽然短短几十年,但是在这几十年中,人的境遇却是千变万化的。古人曾说"三十年河东,三十年河西",而在这个讲究效率的年代,几乎 3

年、5年的时间就能使一个人从落魄走向发达。

有时你没有意识到，你曾帮助过的人会因为境况变得更好了，日后在你遇到难处时，会给你一定的帮助，使你的命运出现新的转机。在我们每天遇到的人中，肯定有一些人有能力帮助你发展你的事业，改善你的命运。

有些人平时待人不冷不热，有事了才想起去求别人，又是送礼、又是送钱，显得分外热情。这种临时抱佛脚的做法并不可取。这显然不是智慧的年轻人的做法。在别人有困难的时候，伸出援手，才是每个人应该做的事。

我们常常有机会做善事，帮助别人，但我们总以各种理由忽略了。其实，当尽量帮助那些需要帮助的人，以恻隐之心善待这个世界的时候会收到意想不到的效果。

事半功倍的求助力
——很多事不由你唱独角戏，要学会合作

人作为社会的一员，想过那种与世隔绝、万事不求人的生活是很难的。要想获得成功，除了自身的努力，还需要别人的帮助。在别人危难的时候，我们伸出手做一些力所能及的事，说不定就能帮他渡过难关。同样，假若我们自身也遇到这样的事情呢？在必要的时候学会向别人求助，借助外部的力量壮大自己，不失为一种明智的选择。要善假于物，往往会无往而不利。

虚心地请人帮助

请别人帮忙，是理所当然的事。这是因为我们的能力有限，需要借助他人的力量才能成事。鸟儿借助翅膀，才能飞得更高。水流借助坡势，才能流得更远。火借风威，才更能熊熊燃烧。

一个小男孩在淘气堡里玩耍，周围都是跟他年龄一样大的小男孩，家长们有的守在城堡外，有的就在里面安静地陪孩子玩。这个小男孩正试图在沙地上修建一条公路和隧道，他身边放了很多宝贝，玩具小汽车、敞篷货车、塑料水桶和一把亮闪闪的塑胶铲子。看起来，他修得并不是得心应手，但是他却很认真，非常费力但执著地挖着。但是，不知道是谁的恶作剧，在隧道的必经之路上摆了一块很大的岩石。小男孩试图将它搬走，但是他的手太小了，无法搬动如此大物。他用了很多种办法，使出浑身解术，用小铲子撬，用手推，用肩扛，用脚踢，但岩石都像施了法术一般纹丝不动。

他的脸憋得通红，人也累了，身也脏了，他难过地坐在地上，眼泪汪汪的。这个时候，一直在堡外观望的父亲走了进来。他抱起伤心的儿子，帮他擦干泪水，轻声问道："儿子，你为什么不用上所有的力量呢？"

有爸爸在，儿子抽咽得更厉害："我已经用尽全力了，可是我怎么也挪不动那块可恶的岩石。"

"不对，儿子，"父亲亲切地纠正道，"你并没有用尽你所有的力量。你没有请求我的帮助。"

父亲弯下腰，将儿子放在地上，并双手拿起岩石，将他放在了远离隧道的地方。

儿子终于破涕为笑。

小孩子还小，他还不懂得向他人求助的道理。人互有短长，你解决不了的问题，对你的朋友或亲人而言或许就是轻而易举的。

人生活在社会关系的群体中，一定会与其他人有各种各样的来往，更免不了互相帮助。向别人寻求帮助，有时能更好地解决问题。工作上遇到难题，去跟同事探讨，有商有量，穿插点笑料，他或者她，谁又介意多费了几分钟时间帮你？当然这一切需要有度，不能没完没了跟谁都不客气地去用别人，大事也好，小事也罢，要在自身能力和方便程度上多加权衡，否则，很容易给他人或自己带来麻烦。

也有很多人，不肯寻求帮助的理由，是怕给别人添麻烦，是怕欠下人情债，更怕被拒绝之后伤了自尊。其实，有的时候，自己无能为力的事情，对别人来讲，是轻而易举的。

接受别人的帮助，能够让人更容易走出阴影，在一般情况下，你可以请别人帮忙，有点交情的朋友是不会拒绝你的。如果别人的帮助是出于纯粹的好心，拒绝甚至是一种伤害。

可是，在交情不是特别深厚的情况下，如果你做事不当，行为方式太自我，认为别人帮助你是理所当然的，那很有可能别人只会帮助你这一次了。

请别人帮忙，也要衡量一下事情是否值得去麻烦别人，明明自己稍微努力就能解决的事，或者明明知道对方帮不了忙，还一定要人家想办法帮忙处理，就会给对方造成负担，可能下次都不敢见你面了。

为人处世，最好少麻烦别人，如果得到了帮助就更要心怀感恩。俗话说：滴水之恩，当涌泉相报。即使是他人给予的一时帮助，也是付出了时间和精力的，是因为真心想帮你才应承你，如果不想帮忙，直截了当地拒绝你就是了。所以，既然得到了帮助，就要心怀感恩。所谓他人给予一时好，回报他人千般恩，就是说人不要忘本，不要做忘恩负义的人。

让社会关系助你一臂之力

每个人都生活在社会之中，都有一张属于自己的人际关系网。我们所构建的人际资源是我们一笔巨大的无形资产。你的人际广，就意味着你能比别人得到更多的机会。

一个风雨交加的夜晚，一对老夫妇走进一间旅馆的大厅，想要住宿一晚。

无奈饭店的夜班服务生说："十分抱歉，今天的房间已经被早上来开会的团体订完了。一间空房也没有剩下。"

看着这对老人疲惫与遗憾的神情和外面漆黑的雨夜，服务生紧接着说："请等下，让我想想办法。"

很快，服务生在征求老人的同意之后把他们安排在了自己的房间，而他则在旅店的办公室里度过了一个晚上。

第二天，老先生要前去结账时，柜台仍是昨晚的这位服务生，这位服务生依然亲切地表示："昨天您住的房间并不是饭店的客房，所以我们不会收您的钱，也希望您与夫人昨晚睡得安稳！也祝你们旅途愉快！"

老先生点头称赞："你是每个旅馆老板梦寐以求的员工，或许改天我可以帮你盖栋旅馆。"

几年后，他收到一位先生寄来的挂号信，信中说了那个风雨夜晚所发生的事，另外还附一张邀请函和一张纽约的来回机票，邀请他到纽约一游。

他乘飞机来到纽约，按信中所标明的路线来到一个地方，抬头一看，一座金碧辉煌的大酒店耸立在他的眼前。原来，几年前的那个深夜，他接待的是一个有着亿万资产的富翁和他的妻子。富翁为这个侍者买下了一座大酒店,深信他会经营管理好这个大酒店。这就是全球赫赫有名的希尔顿饭店首任经理的传奇故事。

热情、周到、真诚、负责的态度改变了这个服务生一生的命运。他遇到了"贵人"。其实,"贵人"无处不在。人间充满着许许多多的因缘,每一个因缘都可能将自己推向另一个高峰,不要轻易忽视任何一个人,也不要疏忽任何一个可以助人的机会,试着用热情的心去对待每一个人,并把这种态度持续到你所做的每一件事情当中,不必刻意去经营人际,你的人际关系就会朝着良好的方向发展。

有人说过这样的一句话:"要想了解一个人,就先看看他的朋友吧!"也就是说可以从一个人身边的朋友去了解这个人。常言道:物以类聚,人以群分。你结交的这些朋友,你所创立的人际圈,决定着你的人生高度。如果你的周围凝聚的是忠良之辈,那么你必定也会成为他们中的一员,不管你目前的情势是怎样的潦倒。

人际关系是一个人成功的主要决定因素。事情能不能成功,"人"的因素是主要的。这个"人"不仅是指单个人的努力,也受一个形象而又抽象的人际环境、人际关系的影响。一个有着良好人际关系的人往往能收获意想不到的惊喜。

为了共同目标,善于团结和合作

只有合作才能发展,单纯依靠个人自身的力量是不能够真正强大起来的。哲学家威廉·詹姆斯曾经说:"如果你能够使别人乐意和你合作,不论做任何事

情,你都可以无往不胜。"在一个团队中,只有每个成员都最大限度地发挥自己的潜力,并在共同目标的基础上协调一致,才能发挥团队的整体威力。唯有善于与人合作,才能获得更大的力量,争取更大的成功。

犹如一个医术高明的外科医生,必须有几个好助手或技术熟练的护士配合,才能完成高难度的手术。一个人如果缺乏与他人合作的精神与能力,他不仅在事业上不会有所建树,甚至连适应社会都会感到困难。每个人的能力都有一定限度,善于与人合作的人能够弥补自己能力的不足,达到自己原本达不到的目标。

能力有限是我们每一个人的问题。只要有心与人合作,善假于物,那就有可能避免这个缺陷。如果能取人之长、补己之短,而且能互惠互利,那么合作的双方都能从中受益。通过别人实现自己的愿望这是一种智慧,虽然不可能每个人都达到这一点,但每个人都可以与他人合作,携手做出更大的事业。

21世纪是一个合作的时代,合作已成为人类生存的手段。因为科学知识向纵深方向发展,社会分工越来越精细,人们不可能再成为百科全书式的人物,每个人都要借助他人的智慧完成自己人生的超越,于是这个世界充满了竞争与挑战,也充满了合作与快乐。合作具有无限的潜力,因为它集结的是大家的智慧和力量。

一个人的能力是有限的,只有善于与人合作,才能够弥补自己能力的不足,进而获得更大的力量,争取更大的成功。因为团结和合作,可以让你变得无往不利、所向披靡,团结就是力量,是一种无法摧毁的坚定的力量,而合作更是一种前进的智慧。

很久以前有这样一个传说:

有两个穷汉,神仙赐给他们一篓鲜鱼和一根钓鱼竿。

一个穷汉拿走了鱼,全部煮了汤,一口气吃完。鱼吃完了,他也就饿死了。

而那个拿钓鱼竿的穷汉一直朝着海边走去。

看到这里,我们总会以为是"授之以鱼,不如授之以渔"的故事。

可是故事不是这么简单的！

拿钓鱼竿的人饿着肚子走了好几天，他刚到海边，就断气了。

后来，他俩转世后还是穷汉，神仙还是赐给他们鱼和钓鱼竿。

这一次他们聪明了，拿着两样东西一起往海边走，每天同吃一条鱼，走到海边时，鱼也吃完了。

于是他们开始合伙钓鱼、卖鱼，渐渐有了收入，盖了房子，娶了妻子，过上了幸福的生活。

故事到这里结束了，但是留给我们的启示却没有止步。它告诉我们，在这个世界上，每个人要想成功，就必须学会与别人合作达到共赢，因为一个人是很难甚至没有办法成功的。

奥斯特洛夫斯基也曾说："不管一个人多么有才能，但是集体常常比他更聪明和更有力。"只有团结在一起的五个手指才能做一切手所想做的事情。团结就是力量绝不是一句简单的空话。很多时候，团结能增加你的勇气，充实你的力量。团结在一起的人们，怀抱着同一个共同的目标，拥有强大无比的抵抗力。

现在的社会又何尝不是如此。在工作中，个人的力量是有限的。在信息高度发达的今天，集体的力量是不可估量的，团结合作是当今时代的成功之道。一个不团结的团队，是没有凝聚力可言的。只有那些善于利用团结做文章的人，并将其做好的人，才能把握住核心竞争力的方向，才能开创柳暗花明又一村的美好景象。

当你站在十字路口迷茫不知所措的时候，当你处于人生低谷踌躇满志的时候，没有必要为逝去的时光唉声叹气，更没有必要为失之交臂的成功悔恨不已。这个时候，你只需重整旗鼓，团结一切可以团结的力量，用你的智慧打造特有的团队，向着共同的目标迈进。"一支竹篙难渡汪洋海，众人划桨就能开动大帆船；一棵小树，弱不禁风雨，百里森林并肩耐岁寒。"善于团结，大家彼此配合，就能达到事半功倍的效果，团结在一起的人们往往都会具有无坚不摧的动力与冲力。

勇于接受别人的意见

《塔木德》说:"只有蠢人和死人,永不改变他们的意见。"不善于接受别人意见的人,由此导致的刚愎自用带来的后果有时候是不堪设想的。

记得听过这样一个故事,正是狂欢夜,灯火通明,村子里一片沸腾,大家都在这样美好的夜晚尽情挥洒着自己的欢愉。只有一位老人,虽然也羡慕年轻人的朝气,但是由于年纪大了,他准备一个人在家听广播,看看今天会有什么好的节目。正在这个时候,广播里突然传来紧急通知,说是在两天内将会有地震发生,让大家做好准备,而老人所在的村子正位于地震的中心地带。

老人赶紧将这个消息跑去告诉村长,让他通知全村人做好一切准备,及时撤离,但是村长由于并没有听到这个消息,觉得这是不可能的事情,这个地方多少年了都没发生过什么自然灾害,他认为可能是老人听错了。老人看说不动村长,也只好亲自去通知村里其他人,但是大家都沉浸在狂欢的气氛中,根本就没把老人的话放在心上。

很快,广播中预报的事情提前降临了,只看到天地间狂风大作,电闪雷鸣,整个村子在瞬间被夷为平地。

如果当初村长听了老人的话,肯定会是另一番情景。即便无法拯救所有的人,那也能在人们现有的能力范围内,将损失降低到最低限度。

在日常生活中,有太多的人想要迫使别人接受自己的意见,因为我们总认为自己是对的。这种想法,使我们没有改进自己的余地,也在我们通往成功的路径上设下了障碍。

无论在工作还是生活中,总觉得自己的做法就是最恰当最精确无误的,但是很多时候,自己往往看不清自己,只有那些善于接受别人意见的人,才能改正自身的缺点,不断完善自己。

不要总是把自己看得很重要,不要认为自己的想法做法就是最合理的,这并不能代表你的自信,只能说明你的固执。三人行,必有我师,多了解别人的长处,多听取别人有价值的意见或者建议。年轻人,当你觉得茫然、感觉矛盾的时候,多多听听别人的意见吧,或许仅仅就是因为别人的一句话让你茅塞顿开。

从批评中汲取你需要的营养

"人非圣贤,孰能无过",只要你活着,势必会受到各种各样的批评,尤其是对你期望愈高的人便愈会指责你。勇于承认自己的过错,坦然接受他人的批评。摆正心态,才能看到批评对自己有利的一面。

要善待批评。批评和表扬一样,是人健康成长、获得成功不可缺少的因素。表扬能给人以鼓舞,也能使人飘飘然;批评使人一时受挫,但更能使人体会到跌跤的滋味,在清醒和自省中成熟。

批评和赞美一样都是人们收到的最好的礼物之一。然而不可否认,每个人都喜欢听美丽的赞美之言,而对于那些直接尖锐的批评却很难接受,觉得这无非是在令自己难堪。但是批评却的确像是一剂苦口良药,可以让你在关键时刻避免失败。我们应该正确理解、认真对待来自他人的批评,要明白批评很多时候都不是一件坏事。

接受批评、拒绝辩解，能够自动回避一些无聊的恶意批评。现实生活中，确实不是所有来自他人的批评都是有价值的，也确实没有那么多的时间与精力去认真对待每一个来自他人的批评。"拒绝辩解"的策略会使自己不用浪费时间，让时间去（自动）检验那些批评的价值。

或许每个人都懂得批评的价值，但放在实际行动上，接受批评要多难就有多难——把想法转换为相应的行动从来不是容易的事情。

在正常情况下，工作岗位中来自领导的批评相对来看可能最有价值，但几乎99%的情况下，人们会通过各种各样的方式拒绝接受批评。

对于刚入职场的年轻人来说，工作上不可能一帆风顺，会有做得不好的地方，难免会受到上司的批评指责。谁遇上这样的事情都会不痛快，尽管有时候明明知道被上司训斥是很正常的事情，可还是不免会产生抵触和抱怨的情绪，这样一来就会影响自己和上司的关系，进而影响到工作。其实，只要注意调整自己的心态，问题就会迎刃而解。

众所周知，乌龟在遭受到外力干扰或进攻时，便把头脚缩进壳里，从不反击，直到外力消失之后，它认为安全了，才把头脚伸出来。

这种比喻和做法或许有些可笑，但是摆正心态，接受批评，从批评中看到不足并勇于改进却不失为一种明智的做法。

俗话说"忍一时风平浪静，退一步海阔天空"，把上司的一顿责骂就当作一场暴风雨，风暴过后自会平息，你又不曾损失什么，何不审时度势，选择回避呢。一名合格的员工要学会控制自己的情绪化冲动，理智地看待是非，特别是在上司面前。

当然，在实际工作生活中，也不乏这样的人，当遭受上司的批评后，就像霜打的茄子一样——蔫了，充满悲观情绪，把上司的批评当作世界末日。他们错在把上司的批评看得太重。其实，受到一两次批评并不代表自己就没前途了，更没必要觉得一切都完了。上司批评你主要是针对你所犯的错误，除了个别有偏见的上司外，大部分的领导都不会针对员工个人。上司的本意是通过责备让你意识到错误，避免下次再犯，并不是觉得你什么都不行，对你进行打击。如果受到一两次批评你就一蹶不振，打不起精神，这样才会让上司看不起你，今后他可能也就不会再信任和提拔你了。

一名聪明的员工，不会让自己的心情被上司的斥责所扰乱，挨骂时理性对待，巧妙处理，反而能在某些方面促进自己的进步。

对待批评，不服气和满腹牢骚对事情的解决无济于事。如果能换个角度去想，或许结果就大不一样。上司之所以批评你，这说明他的眼里还有你这个员工，他希望能够通过指责的方式让你吸取教训，促进你的进步和发展。

世上根本就没有真正的客观评价、批评，所谓的客观，不过是大多数的主观的体现，当然，也就不一定全都公正。接受不接受是一回事，但多听听别人的评价和批评却是有必要的。毕竟：人非圣贤，孰能无过！

任何人都不可避免会听到来自别人对自己的批评或者评价，众人看山不一样高，众人看人也不是一样深，仁者见仁，智者见智，这与个人经历和能力有关，与个人性格喜好也相连。即使是百卷经书，愚人却只当儿戏；虽然只是一句话，智者却能从中受益匪浅。因此，任何人在外人眼里都不可能完全一样，也就必然有好坏不一的评价、批评，甚至否定。

正确地对待别人的批评，就能从中汲取营养，获得上进的力量。

有三个学习绘画的人在学艺途中将自己的得意之作以 1000 元标价出售，他们的第一位顾客均说了一句相同的话："您的画怕是值不了那么多吧？"

第一个人听后，对自己的画仔细修改，最终以 2000 元售出，而他经过刻苦努力，成为著名画家。

第二个人听后，轻轻地将画撕毁，改了行，通过学习雕塑而成为一代宗师。

第三个人认为，自己的画或许真的不值那个价，便降低了要求，以 500 元售出。至今，他也只是三流的画家，以卖画糊口，过流浪生活。他一直就生活在我们的身边。

每个人面对批评，要有一个好的心态，把批评作为动力，增强积极向上的

欲望。将批评看作一剂消除隐患的良药，虽然当时很"苦"，但是苦了一时，最终却能苦尽甘来，由低谷走向顶峰，由高峰走上另一个成功的巅峰。

多看看外面，别只沉溺于自己的小天地

现实生活中，有不少年轻人不喜欢和人交流，常常将自己局限于一片狭小的天地中，没有谁会喜欢这样，或许是对自己以为的世界充满着强烈的排斥和不安，因此久而久之就成了一种习惯，然而这样的习惯会让你失去很多原本可以把握的机会。

莹莹自小就是父母眼中的乖乖女，毕业之后去了一个沿海开放城市，成了写字楼里的一名白领，工资待遇也不错。她是一个自尊心很强又很要强的女孩，为了更好地完成工作，每天起早贪黑，不敢有半点马虎，唯恐有什么闪失。为了能够一心扑在工作上，她还专门请了一个钟点工来帮助料理自己的生活。但是让莹莹没有想到的是，随着对莹莹的了解不断加深，这个钟点工掌握了她的弱点，趁机敲诈了她一番，莹莹很害怕，费了好大劲花了不少钱才把这个钟点工打发走。

莹莹做的是翻译工作，每天要赶场参加各种会议和会谈。她胆子小不敢开车，就雇用了一个私人司机，结果又让这个司机骗去了一笔钱。

自从这两件事情之后，莹莹开始把自己封闭起来，就是平时同事、同行之间的相处和竞争，也让莹莹每天都觉得头疼。

种种的不适应，接踵而至。除了工作，她不再与人交往，更是远离陌生人。她都忘记了还有节假日。自己闲下来的时候就读些书，实在寂寞了就去疯狂购物。

大千世界,这里面也有酸甜苦辣。我们还很年轻,美好的人生才刚刚开始,年轻人刚刚独自进入社会,由于涉世不深,难免要上几次当,这是很正常的,这不算什么。我们要吃一堑长一智,我们要不断充实自己,让自己不断地成熟起来。

要有一个正确的价值观和判断事物的标准,不能因为某些失误就否定所有。舍弃封闭的自我,打开心门,走出去。只有走出去,才会发现铺满鹅卵石的小径,虽然会刺痛我们的脚神经,但是能让我们睡得很香甜;虽然总会遇到他人不善意的批评和攻击,但也会经由这些批评而认清楚自己。

没有人能够一帆风顺,事事顺心。如果因为生活中的挫折和欺骗就把自己封闭起来,这是愚蠢的行为。既然改变不了社会,那么我们就应该去适应社会。

社会是现实的,逃避是懦弱的表现,正当花季的年龄,正是充满了活力的时候,应该振作起来。勇敢地走出失败或者挫折的阴影,走出自己心中那个狭小的天地。

任何人的进步,都要借助于各方面的社会关系。只有在大舞台上,才能充分施展自己的拳脚。然而,生活中很多人都把自己局限在一个狭小的圈子里,不爱与人交往,掩盖了自己的才华,最终与成功失之交臂。仅仅依靠自己的聪明才智和勤奋努力,很多时候不足以得到社会的承认,做不出任何有成效的事情。

著名歌手玛丽安·安德森曾经很感人地描述她早期的生活——她那时事业失败,整个人意志消沉,整天把自己关在房间里,不与任何人打交道,完全封闭了自己,因为这样她差点儿要告别舞台。后来,她的经纪人和她进行了一次谈话,经纪人说:"你很有才华,现在只是小小的挫折,不要再孤立自己了,敞开胸怀走上舞台,你会发现人们都是那么喜欢你。"听了这句鼓励的话玛丽安恢复了勇气和信心,准备继续为自己喜爱的歌唱事业奋斗下去。有一天,她兴高采烈地向母亲说道:"我要再唱下去!我要每个人都喜欢我!我要创造完美!"

母亲听后对她说:"亲爱的,这是个迷人的目标,但是你要知道,人在成就伟大的事业之前,必须向优秀的人学习,不断完善自己,登上更大的舞台,才能充分展示自己的才华。"玛丽安听了深有感触,于是下决心在音乐造诣上追求

十全十美，走出孤僻的束缚，向许多音乐大师学习，从而得到了众多歌迷的喜爱，成为乐坛上举足轻重的人物。

每个人都有自己的长处，相互交流就能取长补短。要想创建良好的人际关系最关键的是多与人交流，做到彼此优势互补，既能使自己的优势为其他人提供必要的帮助，也能从其他人的优势中得到启发与帮助。

年轻人不要总是看着自己的小天地，应该将自己的心从一个封闭的空间中解脱出来，放眼大千世界，才有可能收获精彩的人生。

一个人如果孤立无援，那他一生就很难幸福；一个人如果不能处理好人际关系，就犹如在雷区里穿行，举步维艰。"条条大路通罗马"，八面玲珑的人可以在每条大路上任意驰骋。因此，不要躲在自己的小天地里，要挣脱心灵的束缚，多与别人沟通，建立良好的人际关系，我们就能像雄鹰一样翱翔在广阔的天地之间，成就伟大的人生。

聪明智慧的妥协力
——什么时候懂得了妥协，才会有所得到

在如今这样多变的社会，是需要讲究策略的，就像你面前站着一个高大威猛的敌人，如果硬拼，那么无疑是以卵击石，如果转换一下思路，就能减少这无谓的牺牲。遭遇不顺是必然的，但是要懂得变通之道，不要非等到事情已成定局方明白自己的方向出了问题。这时调整，或许前面就会柳暗花明。

学会适时弯腰，弹性处世

刺猬在身处顺境时拱着小脑袋，凭借着满身的硬刺，横冲直撞，但是当它身处险境时，则缩回脑袋，把自己滚成一个刺球，让敌人无隙可击。这种能屈能伸的特点成了他生存的一种智慧。动物界尚且如此，何况聪明的人类呢？

做人做事都需要讲究一个弹性，这是一种处世哲学，更是一种技巧。或者明哲保身，或者步步为营不断向前发展进步。

做人不能太倔犟，太过死板和刚硬，只会平添许多痛苦。学会适时弯腰，也是人与人之间不可缺少的润滑剂。

适时弯腰也彰显了一个人成熟的魅力，然而遗憾的是，现实生活中很多年轻人都未曾注意到这样的道理。

孟买佛学院是印度最著名的佛学院之一。在它的正门旁边开了一个小门，门高1.5米，宽40厘米。一个成年人进去，不仅要侧身，而且还得弯腰，否则就是碰了壁也无法入内。所有新来的学生，都会由他的老师带领着来到这个小门，弯腰进出一次。老师教育大家说："大门当然进出方便，但是很多时候，我们要进入的地方没有很宽阔的大门，或者，有的大门不是随便可以进入的。这个时候，只有学会了弯腰侧身、暂时放下尊贵和体面的人才能进入，否则你只能被挡在门外。这是佛家的哲理，其实也是人生的哲学。"

挺拔、高大是一种艺术，刚强、不屈也是一种艺术，婀娜、温柔是一种艺术，而适时地弯腰更是艺术中的艺术。人对于外界的压力，要尽可能地去承受，实在承受不住的时候，不妨弯一下腰。就像是在大雪重压下的竹条，利用自身的韧性,在条件允许的时候仍然可以挺拔地站立。弯腰不是让你倒下,而是通过自身的改变,来创造一个全新的自我。

有一位年轻的男子精神几乎要崩溃了,决定去看心理医生。他在一家公司任职,原本他有很大的希望晋升为业务部主管,但一个与他暗中竞争的同事,竟然将他以前工作中所出现的失误全部罗列出来,递交给了董事长。他升职的希望就此破灭。而最令他不能容忍的,是他的妻子对他十分不理解。每每想到这些,他的精神就高度紧张,几近崩溃的边缘。

心理医生听完这些之后,笑着问:"在你身边一定有另外一个女人理解你,是吗?"

他信服地点了点头。

这时,心理医生拿出一个细细的橡皮圈和两个带挂钩的砝码,把那两个砝码挂在了橡皮圈上面,两个砝码的重量几乎把橡皮圈绷紧到了极限,如果稍一用力,就会有断裂的可能。中年男子只是疑惑地看着医生怪异的举动。

这时,医生问他:"那个陷害你的同事升职了吗?"

他摇了摇头。

这时,医生问他:"那个同事所说的事情是否真实?"

他思忖了一会儿,回答说:"应该有一半是事实吧。"

医生笑了,说:"既然他也没有升职,而且还给你指出了那么多的不足,那么你不但不该仇视他,还应该感谢他呢。如果你以后把自己出现失误的地方全部做好,他还会说什么呢?"

那个男子赞同地点了点头。医生随手摘下一个砝码,橡皮圈顿时弹回去一大半。

接着,医生又问:"你的妻子不理解你,那么你们之间感情的裂痕已到了无可挽救的地步了吗?"

他又摇了摇头:"感情上还算过得去,至少我还有一个很乖很争气的女儿。"

医生问:"就是说,即使另外一个女人再理解你,你暂时也不可能下定决心

和她生活在一起,是吗?"

　　沉默了一会儿,那个男子如实地点了点头,医生畅然笑了起来,又把另一个砝码从橡皮圈上摘了下来。然后,心理医生将那个恢复原状的橡皮圈递给了他,并解释道:"现在,你已经没有一点负担了,又恢复了先前的弹性。你还是那个完整无缺的'橡皮圈'呀。"

　　听到这儿,那个男子才恍然大悟。是啊,只要摘下生活中那些缺少价值的砝码,我们的生命又会恢复先前的弹性!生命本身尚且需要弹性,那我们对人对事就更应该懂得弹性的道理。

　　当你的生活或者工作、事业处于困难、低潮或逆境、失败时,若去运用"屈"的智慧,往往会收到意想不到的效果。反之,该屈时不屈,去伸,必然遭到沉重打击,甚至连最宝贵的生命都没有办法保住的时候,还有什么资格去谈人生、谈事业、谈未来、谈理想呢?

　　不管你做什么工作,不管你以后往哪个方向发展,从政也好,经商也罢,都难免遇到各种各样的对手和挑战。你会发现有很多人在和你竞争一个职位、一个头衔。现代社会到处都充满着竞争,也存在着欺骗。人们往往感到迷惑不解,有些脆弱的人要么选择了躲避,更有甚者选择了轻生。

　　其实,每个人都想在社会上站住脚,然而往往又对现实甚为不满,心态不佳。可是,如果不好好处理就会被现实社会所淘汰。而弹性处世不是教一个人变得圆滑世故,让你营私舞弊、贪污受贿、投机取巧,而是让人能够对周围环境的变化做出适当的改变,从而更好地适应社会的发展, 做到能屈能伸,以柔克刚。

　　学会适时弯腰,懂得弹性处世,这是取胜的一种战略,一种以屈求伸的本领,它是运用智慧来巧妙地为人处世。

做一个懂得转弯的人

做事情需要决心和毅力,不达目的绝不罢休,是一种执著的姿态,然而,有时候过分坚持则是固执和迂腐。一个人在前进的路上不可避免地会遭遇困境,正如暴风雪袭来,低头保护自己不忘前进远比仅凭一股蛮力迎头硬拼的效果要好。

年轻人一般都有种他人很难企及的勇气和热情,认定了某事就会坚持走下去,不管遇到什么样的困难。然而有时候,只需换个方向,问题就很容易解决,你的人生就会有另一番景象。

两位美国科学家做过一个有趣的试验:在两个玻璃瓶里分别放进5只苍蝇、5只蜜蜂,然后将瓶底对着亮光,瓶口朝向暗处。几小时后,5只苍蝇从瓶子后端暗处找到出口,爬了出来,5只蜜蜂全都撞死。

科学家分析认为,蜜蜂把有光源的地方看作唯一出路,每次都朝同一方向飞,而苍蝇碰壁后知道向后看。

这一前一后,一生一死,以物喻人,不正揭示了人们在困境中的求生态度吗?学会向后看,另谋生路,是一种智慧人生。

蜜蜂向往光明,但不懂转弯,不知回头,以至于咬定瓶底不放松,结果"死不瞑目"。而经常生活在阴暗中的苍蝇,遇到"死路"时,不是一味地乱撞,为自己找出了一条生路。退一步,海阔天空,大概讲的也是这个道理。

我们有时也会犯下蜜蜂这样的错误,总以为眼前的路是一片光明,不管结果如何,一条路走到黑,往往因此而不能自拔。其实在身处困境时,我们只要稍

微回一下头，或冷静一下，可能就会有意想不到的结果。

世间的万事万物，都有着因果循环。我们此刻的欢喜，或许下一刻就会变成悲伤；眼前的坦途，也许正酝酿着风暴。但不管怎样，把消极的困难，转化为成长的足迹，走上真正属于自己的路，不是件坏事呀！

"遇事不钻牛角尖，人也舒坦，心也舒坦"，能激流勇进者，为强者；然会急流勇退者，亦有智者。

能进退自如，左右逢源，实属强者中的智者。

有名的硬笔书法家张文举说过这样一句话："一个人能否成功，理想很重要，毅力很重要，勇气很重要。但，更重要的是，人生路上要懂得舍弃，更懂得转弯。"

其实，这正是对他自身经历的一种精辟的概括。他曾经是个农民，在很小的时候就抱定了将来一定要当作家的理想。为了这个目标，他数十年如一日不辞辛苦地努力着。他每天坚持写作 500 字，每当写完一篇文章，他就再三修改，然后端端正正地誊写好，再把它寄给报社或者杂志社。就这样，坚持了很多年，他也从没有看到自己的作品变成铅字，甚至连一封退稿信也没有收到。每次寄出去的信都像是石沉大海，杳无音信。

看到自己的同乡一个个去了城镇打工，挣钱，养家糊口的时候，他仍然留在乡下坚持着自己的写作。昔日那些和自己在一起的同龄人也纷纷结婚生儿育女，他还是待在陋室里用一支笔勾画着对未来的期许。他忍受着众人的不解和指责，因为在他内心深处，有一个坚定的信念像火一样将他的生命点燃，那就是坚信自己一定会有成功的一天。

如今想来，29 岁那年，是张文举生命中的转折点，眼看着要走进而立之年的他，那年他总算收到了一封退稿信，那是他自写作以来收到的第一封退稿信。写这封信的人是一位他多年来一直坚持投稿的刊物的总编寄来的，这位总编在信中写到："看得出，你是一个很努力的青年。但我不得不遗憾地告诉你，你的知识面过于狭窄，生活经历也显得相对苍白。但我从你多年的来稿中发现,你的钢笔字越来越出色……"

真是一语惊醒梦中人,张文举顿时觉得自己努力的方向是需要调整一下的,从那以后他苦练钢笔字,终于成了颇有名气的硬笔书法家。

张文举的成功说明他的放弃是明智的。善于放弃的人,是聪明的。当此路不通的时候,懂得转弯的人也是最有可能成功的人。

成功必须"扬长避短"。研究者发现,尽管其路径各异,但成功者都有一个共同点,就是"扬长避短"。传统上我们强调弥补缺点,纠正不足,并以此来定义"进步"。而事实上,当人们把精力和时间用于弥补短项时,就无暇顾及增强长项发挥优势了;更何况任何人的欠缺都比才干多得多,而且大部分的欠缺是无法弥补的。

更多时候,或许你会被一些盲目的兴趣所迷惑,以为理想一定可以实现。其实,要在某些领域上取得认同,并不仅仅单靠一味地勤奋就行,更重要的是,你所做的事情究竟是不是就是适合你的,也只有最合适的才是最好的。不适合就要勇于放弃,并适时转弯,努力去做更适合自己的事。

人生路上要懂得舍弃,懂得转弯。懂得适时转弯的人生会更开阔。做事一定要懂得变通。所谓变通,顾名思义,就是以变化自己为途径,通向成功。我们每天面对层出不穷的矛盾和变化,是刻舟求剑以不变应万变,还是采取灵活机动的变通方式,这是我们要确立的一种做人做事的态度。"变则通,通则明。"懂得变通,才有可能很快地走向成功。

并非高调才能彰显实力

低调做人既是一种姿态，也是一种风度，一种修养，一种品格，一种智慧，一种谋略，一种胸襟。低调做人就是用平和的心态来看取世间的一切。

做人不要太张扬，太张扬的人容易招人忌妒，招人白眼，甚至会在不知不觉中引来不必要的麻烦。

对于二十多岁的年轻人来说，刚刚步入社会，难免拥有一些理想主义色彩，胸怀远大抱负，激情迸发，满腔热血，立志要做一番惊天地泣鬼神的事业。但是现实世界却不是我们想象中的那么简单，而是充满了坎坷和荆棘的障碍，如果不懂得收敛锋芒，依然高调地昂起那颗头颅，结果往往会被碰得头破血流，伤痕累累，而成为一个失败者。

西汉时期有一个人名叫杨恽。为人十分耿直，做官的时候廉洁奉公，爱民如子，深受老百姓的爱戴。按理说这样的人应该得到皇帝的重用才对。但是朝廷上有一些用心险恶的小人十分忌妒他的声望，就在皇帝面前说他的坏话。他们说："杨恽做官清廉并不是为了朝廷，也不是沽名钓誉，而是为了笼络人心，以便将来图谋不轨。"皇帝对这些话深信不疑，于是就下诏将杨恽贬为庶人。杨恽本来就是闲云野鹤之人，闲散惯了，当诏书下达的时候也就没有表现出多少的不满来，反而觉得一阵轻松，就欢快地回到了家里。

杨恽回到家里之后，就没有了顾忌。以前做官的时候不方便添置家产，现在无官一身轻，求田问舍就和廉政没有关系了，于是他就把终身的积蓄用在了建房置地上。每天在自己的庄园里忙忙碌碌地劳动，享受平凡人的生活。他有一位朋友对他的做法感到十分忧虑，认为他这样做可能会给自己带来巨大的灾难。于是就给他写了一封信劝慰道："大臣被免去官职之后就应该关起门来，诚惶诚恐地闭门思过，以免别人的栽赃陷害。而像你这样大肆张扬置办家产，广泛交友，就会让人觉得你对皇帝的命令心存不满。如果让小人抓住了把柄，就又要给你罗织罪名了。"

杨恽看到之后大不以为然，他给朋友回信说："我现在已经没有任何官职了，成了一个地道的田舍翁。一个乡下泥腿子虽然没有什么快乐，但是在过年的时候吃吃肉、喝喝酒、唱唱歌，总不算什么错吧？"

朝中有人看到杨恽依然过着十分快乐的生活，心理就十分不舒服，欲除之而后快，他们就又在皇帝面前摇唇鼓舌，搬弄是非，说："杨恽被罢官后不仅不知道悔改，却每天都喝得醉醺醺的，这不是和陛下唱对台戏吗？前些日子，京城出现了日食，据太史令说，那是因为杨恽引起的。"皇帝听了之后，不问青红皂白，就下令将杨恽抓了起来，处以腰斩的酷刑，又把他的家人们流放到酒泉。

杨恽被罢官之后应该听从朋友的劝告，夹起尾巴做人，这样他的敌人就会觉得他再也不会有什么作为了，从而忽视了他的存在。但是杨恽却不懂得收敛，任由着自己的性子乱来，不仅置家产还频繁地搞活动，让政敌们看到之后觉得他是在为复出做准备，于是就先下手为强，把他害死了。

古人云："木秀于林，风必摧之；堆出于岸，流必湍之；行高于众，众必非之。"一个人如果锋芒毕露，不懂得收敛的话，招致生命之忧也未可知。

在现实生活中，很多的年轻人不懂得低调处世的道理。他们的骨子里就对低调处世有些看不起。他们固执地认为低调是自取其辱、降低尊严的事，放弃生活原则的事情。这种幼稚的想法只能让一个人在现实生活中败得很惨。如果不懂得改变，那么就会为自己酿下苦果，后悔莫及。为了在生活中少吃一些苦头，少受到一些非难，年轻的朋友们应该学会低调处世。低调不仅是一个人的修养，更是智者的生存方式。

在我们的日常工作当中，有不少人虽然思路敏捷，才能卓越，但是在与人相处的时候却自高自大，看不起同事和朋友，把别人虚心的求教当成拍马屁，将他人友好地劝说当成挑刺，让人感到狂妄，从而在心里对这样的人产生了深深的厌恶，不愿意和他进行过多的交往，在一些人际活动之中也有意识地去排挤和孤立他。这种人可能是想通过表现自己的才能来引起别人的注意，塑造卓尔不群的个人形象，但是结果却往往适得其反。实际上，一个人的优越感越强，别人对他的反感也就越强，如果不加以改正的话，这个人最终也会把自己推到孤立无援的地步。

有一位企业家曾经说过："我所以有今天的成就，是向多少人弯腰鞠躬后才有的。"一个人在为人处世上越是谦虚恭敬，就越能拉近和别人的心理距离，从而更易于双方的交流和沟通，也能更容易让对方从心理上接受你，心甘情愿地为你提供一些帮助。

有句民间谚语说得好："低头的稻穗，昂头的稗子。"越是有着真才实学的人越低头，只有那些一瓶子不满半瓶子晃荡的人才会招摇过市，高昂着那颗空空如也的脑袋。因此，我们在生活中应该保持一个较低的姿态，低调谦逊地为人处世。低调的处世态度，谦逊的为人观念，并不是懦弱和猥琐的表现，而是人生的大智慧、大境界，是最聪明的处世之道。

低调做人，高调做事，是一门精深的学问，也是一门高深的艺术，遵循此理能使我们获得一片广阔的天地，成就一份完美的事业，更重要的是我们能赢得一个蕴涵厚重、丰富充实的人生。古人云："欲成事先成人。"这也是一生做人做事的准则。

并非高调才能彰显实力，对于二十多岁的年轻人来说，为人处世就是一个摸着石头过河的过程。为人低调，韬光养晦，不是说隐藏自己的才华，抑制自己的个性，而是懂得因时而异、因事而宜。

有脾气不等于是有个性

发脾气绝对不是个性，而是缺乏对自身情绪的控制能力。很多年轻人常常将发脾气当成自己的个性，错误地认为有脾气是有个性的体现。脾气人人都有，但是如果不分场合、不分事情轻重、不分对错乱发脾气，则有失风度，也会让人觉得你心智不成熟、办事不稳当，从而给自己的未来制造很多障碍。

小宫，青春靓丽，刚满 20 岁，是一家超市的收银员。在大家的眼中，小宫不但长相好看，还是个挺有个性的人。

这天，和往常一样，在固定的时间来接替上一班的人，整理抽屉、电脑，开始工作。唯一和往常不一样的就是，她的脸今天拉得很长，对于来结账的顾客也是有一搭没一搭的。这个时候，旁边一个柜台的小李因为有急事需要暂时离开，就请小宫先过去招呼一下，要是搁在平时她肯定就去了，但是这次却坚持不肯，说的话还很难听，对方听不下去，两个人就此争吵起来了。好在小李看当着这么多人的面，就暂时忍住去办自己的事情去了。可小宫呢，一边怒气冲冲地跟别的同事数落小李的不是，嘴里还骂着脏话，全然不顾前来付款结账的顾客的感受。有的人实在看不下去就好心劝了一句。没想到，小宫一下子火冒三丈，脸涨得通红："怎么着，怎么着，我又没对你发脾气，你管得着吗？"

后来知道那天，小宫刚和男朋友吵过架，心里很是不愤。小宫这个人平时也很热情，唯一不好的地方就是很难控制自己的情绪，动不动就会大发雷霆，但是经常把情绪带到工作中，带到与人交往的氛围中，就委实不妥了。

小宫虽然也认识到了自己的不对，但是她还是一直坚持着自己的做事

态度，并说这才是有个性的表现，怎么可以因为别人的"说三道四"就轻易改变呢？

二十多岁的年轻人，虽然说对人情世故还不能都做到处理通达，但是适当地控制自己的脾气是很有必要的。在家时，你是父母的掌上明珠，父母会因为爱你而不断迁就你；在学校，同学也会因为你的无心之言而一笑而过。可一旦进入职场，平时为人处世，如果不注意控制自己的情绪，动不动就大动肝火，不仅自己的形象受损，对他人也是不尊敬，还可能影响自己的身体健康。

为人处世，要学会温和地对待周围的人，因为没有人应该理所当然地包容你的脾气。而且，发了脾气又能怎么样呢？还是不能解决问题。

我们在工作和家庭生活中，谁都会有点脾气，人的脾气相对而言，既有好坏之分，又有温顺和暴躁之别。在生活和工作中，还有善意和恶意的不同表现，也就是对人对事以爱和恨为出发点性急态度。通常脾气就叫发火，是因愤怒或不满而表现出粗暴不易克制的声色举动。一个人要有脾气，尽量使脾气有情有理、有节有制，有环境、有对象，注意场合、注意分寸地发，千万不要乱发，因为发脾气最能体现一个人的素质和修养。

对于很多二十多岁的人来说，如何控制情绪并不是一个简单的问题，下面有一些可供参考的方法：

1.深呼吸

每当情绪即将失控的时候，最佳的自我调节方法就是深呼吸。先深吸一口气，直入腹腔，然后再徐徐地呼出来，在这个过程中，可以数数，从一数到十，在心里多问几个为什么。我为什么要生气？生气对事情有帮助吗？发脾气能够顺利解决问题吗？这样想的话，怒气自然而然就消了。

2.转换话题

如果觉得对方的话伤了自己，让自己濒临崩溃，可以适当转换话题。如果继续讨论下去，势必话越说越难听，这个时候，转换话题，能够分散自己和对方的注意力，也能及时调整彼此情绪。

3.巧用幽默

如果觉得和对方僵持住了,或者彼此的坏情绪都到了极点,这时,不妨自我调侃一下,说个耳熟能详的笑话。但是切记不要随便说冷笑话,笑话说不好,就会成为冷嘲热讽,反而加剧两人的争吵。

4.借口离开一下

当双方都处于僵持状态时,暂时离开一下也是一种有效方法。去一趟洗手间,或者喝杯水、看一下窗外的景色,都能起到平复心情的作用,也能给对方一个冷静的时间。

5.说错了话,马上道歉

有时候,我们和对方的冲突,往往只是因为一句话,如果说错了,马上就道歉,也会因为我们的知错能改,而得到对方的原谅。

没有人会喜欢乱发脾气的人。试想一下,如果别人乱对你发脾气,还振振有词地跟你说:发脾气就是我的个性,请你包容点。你肯定会觉得这样的说法很可笑。所以年轻人要尽量控制自己的情绪,而不要被情绪所控制,成为你人际关系的一大障碍。

所谓个性就是个别性、个人性,就是一个人在思想、性格、品质、意志、情感、态度等方面不同于其他人的特质,这个特质表现于外就是他的言语方式、行为方式和情感方式,等等,任何人都是有个性的,也只能是一种个性化的存在,个性化是人的存在方式。个性并不是轻易就能去形成的,它需要积淀,需要去体会,去理解,去感悟,去发现。没有个性并没有什么,因为不是你自认为有,你就具备的,它是一种独特——一种在内心将自己与他人区分开来的独特。普通是很正常的,缺乏个性也是正常的,只是千万别拿脾气当个性,就像别拿酱油当米醋一样。

培养在厄运面前的平静心态

　　人的一生,有如簇簇繁花,既有红火耀眼之时,也有暗淡萧条之日。不管是面对成功还是失败、挫折还是荣誉、幸运还是不幸,我们都应该学会从容、淡泊,把功名利禄看轻些、看淡些。从容,是一种人生境界,它源自于对现实的清醒认识、对自身的强烈自信。从容的人,在生活中不惊不怖,随遇而安;从容的人,运筹帷幄,却又谈笑自若。从容,是一种修养,它有先天素质,但主要是靠后天知识和意志的凝聚, 从容可以让我们在成功和失败的不断交替中, 胜而不骄、败而不馁;从容可以让我们在遭受突然打击和不幸时,坦然面对百味人生。对于我们来说,应该在充满诱惑和矛盾的现实中,尽力去追求从容,在平平淡淡中感受到生命的充实,以从从容容的心境迎接一切挑战,因为,幸福的含义并不仅仅是接受别人艳羡的目光,而在于自己心底的感觉。

　　曾经被评为"2005 年度感动中国十大人物"之一的河南周口人洪战辉,在12 岁小学毕业那年,家庭生活发生了改变,患有间歇性精神病的父亲从外面带回了一个弃婴。

　　家里太穷,负担不起哺育女婴的花费,母亲让洪战辉把女婴送人。洪战辉不忍心,就把女婴留下了,并给她起名为洪趁趁,小名"小不点"。

　　由于父亲患病,家庭的重担全部压在了目不识丁的母亲身上,她还经常遭受父亲无缘无故的毒打。

　　1995 年秋天的一天,母亲忍受不了家庭的重担、丈夫的拳头,选择了逃离。

　　妈妈走了,父亲是病人,刚刚满 1 岁的"小不点"怎样才能带大?久坐之后,洪战辉告诉自己：既然一切已无法改变，那就承担吧。

那时候家里太穷，为了买奶粉养妹妹，洪战辉从小学时就做起了小贩，在附近的集市上，冬天卖鸡蛋，夏天卖冰棍。实在没钱的时候，有时就带着妹妹到有小孩的人家讨口奶吃。他还想着给"小不点"补充营养，最多的时候，是上树掏鸟蛋给妹妹做鸟蛋汤，为此，他不止一次从树上摔下来。

从高中起，他就带着妹妹上学，他利用假期打工所挣的钱交了学费，还在校园里利用课余时间卖起了学习书籍。就在进入高二时父亲的病情恶化了，必须住院治疗。于是，洪战辉只得休学挣钱为父亲治病。

怀着不屈的信念，经过不懈地拼搏，2003 年 7 月，洪战辉考取了湖南怀化学院。课余时间里，洪战辉在校园里卖过电话卡，为怀化电视台《经济 E 时代》栏目组拉过广告，还给一家电子经销商做销售代理。目的就是想挣钱带着失学在家的妹妹一起来上学。

他携妹求学 12 载的故事，经全国多家媒体报道后，已成为社会关注的焦点，不断有人表示愿意捐款，以帮助他抚养妹妹。令人意想不到的是，后来，洪战辉在某媒体上发表公开信，在这封信里，洪战辉在向关心他与妹妹的人表示感谢的同时，明确提出他可以养活自己和妹妹，不需要任何社会捐款。"因为我觉得一个人自立、自强才是最重要的。苦难和痛苦的经历并不是我接受一切捐助的资本。我现在已经具备生存和发展的能力！这个社会上还有很多处于艰难中而又无力挣扎的人们！他们才是需要帮助的！"

不幸的降临，犹如一面镜子，可以照出一个人思想意志的坚定或者薄弱，可以产生两种不同的结果。同不幸抗争的人，会减轻不幸带来的痛苦，把不幸降到最小限度。屈从不幸的人，只能成为不幸的阶下囚，被不幸吞噬掉。一个人如果把不幸当作前进的阶梯，就能看到光明；如果把不幸当作滑梯，只能陷于泥坑。有时不幸恰恰是一种幸运，同一件事，从一个角度看是不幸的，从另一个角度看却成了幸运的。命运是公平的，它让你在一处失，必让你在另一处得，所以当你感到悲观的时候，不妨换一个角度去看看，你会有更多新的发现。无论

什么样的生命，在短促或漫长的人生中都需要平衡，并且都会在最终得到平衡。懂得了生命中的这一意义，会让我们不必为我们得到的成功和幸运而骄傲，也不必为我们的失败和不幸而悲观；我们即使拥有再多，可能总会有失去的时候，失去的再多，总会有得到补偿的机会。更重要的是，我们不必只着眼于生活的某一点，只去刻意追求某一个达不到的目标，从而让自己的心态无法从容，也无法平和。

面对再大的苦难，洪战辉自始至终不放弃追求，不屈服于现实，虽然饱受着肉体上的折磨，但很大程度上保持了心灵的平静，这正是一个自尊、自重、自强、自爱的人面对苦难的人生态度。

每个人的人生中都充满了苦难。人是从苦难中成长起来的。唯有把苦难当作良药，乐观奋斗，才能得到人生中最珍贵的财富。

回避不幸的人，不会摆脱不幸；悲叹不幸的人，不会减弱不幸；屈服不幸的人，不会驱赶不幸。只有正确对待不幸的人，才能使不幸成为走向成熟的垫脚石，成为进军途中的响箭，做出非常人所能做得到的事情。巴尔扎克说过："不幸，是天才的进升阶梯，信徒的洗礼之水，弱者的无底深渊。"风雨过后，眼前会是鸥翔鱼游的天水一色；走出荆棘，前面就是铺满鲜花的康庄大道；登上山顶，脚下便是积翠如云的空濛山色。在这个世界上，一星陨落，黯淡不了星空灿烂，一花凋零，荒芜不了整个春天。人生要尽全力度过每一关，不管遇到什么困难不可轻言放弃。

世上有许多事情的确是难以预料的，成功常常与失败相伴，幸运和不幸相随。人要有经受成功享受幸运的准备，也要有战胜失败经受不幸的勇气。成功了不要忘乎所以；失败了不要一蹶不振，遇到不幸也不要悲观失望。只要奋斗了，拼搏了，就没有什么可遗憾的。正如泰戈尔所说："天空不留下我的痕迹，但我已飞过。"这样就会赢得一个广阔的心灵空间，得而不喜，失而不忧，把握自我，超越自己。

暂时妥协，寻找更好的时机

历史上有不少以柔克刚、以弱胜强的例子。世人常讲"忍为贵""曲则全"，必定有它一定的道理。

勾践卧薪尝胆的故事想必大家都很熟悉。公元前 496 年，吴越两国发起战争，吴王阖闾阵亡，之后两国便结下深仇大恨，连年战乱不休。吴国为了报仇对越国进行反击，越国最终敌不过吴国而败亡。

越王勾践夫妇曾被抓做人质，去给夫差当奴役，从一国之君到为人仆役，这是多么大的羞辱啊。但勾践忍了，屈了。是甘心为奴吗？当然不是，他是在伺机复国报仇。

到吴国之后，他们住在山洞石屋里，夫差外出时，他就亲自为之牵马。有人骂他，也不还口，始终表现得很驯服。

一次，吴王夫差病了，勾践在背地里让范蠡预测一下，知道此病不久便可痊愈。于是勾践去探望夫差，并亲口尝了尝夫差的粪便，然后对夫差说："大王的病很快就会好的。"夫差就问他为什么。勾践就顺口说道："我曾经跟名医学过医道，只要尝一尝病人的粪便，就能知道病的轻重，刚才我尝大王的粪便味酸而稍有点苦，所以您的病很快就会好的，请大王放心！"果然，没过几天夫差的病就好了，夫差认为勾践比自己的儿子还孝敬，很受感动，就把勾践放回了越国。

勾践回国之后，依旧过着艰苦的生活。一是为了笼络大臣百姓，一是因为国力太弱，为养精蓄锐，报仇雪耻。他睡觉时连褥子都不铺，而铺的是柴草，还

在房中吊了一个苦胆，每天尝一口，为的是不忘所受的苦。

吴王夫差放松了对勾践的戒心，勾践正好有时间恢复国力，厉兵秣马，终于可以一战了。两国在五湖决战，吴军大败全输，勾践率军灭了吴国，活捉了夫差，两年后成为霸王，正所谓"苦心人，天不负，卧薪尝胆，三千越甲可吞吴"。勾践卧薪尝胆数十年，最终打败了强大的敌人吴国，是一个能屈能伸的大人物。正所谓君子报仇，十年不晚。

很多时候，盲目冲动只会损伤自己的元气。当自己处于劣势的时候，给自己争取一个变得强大的机会。暂时的妥协可以换取最终的成功。

适时妥协不是懦弱，而是一种智慧。可以更好地保护自己，以期发展自己。在生活事业处于困难、低潮时，若去运用"屈"的智慧，往往会收到意想不到的效果，反之，该屈时不屈，去伸，必然遭到沉重打击，甚至连条性命都保不住，那样，还有什么资格去谈人生、谈事业、谈未来、谈理想呢？

接受你看不惯的一切

当你付出努力却没有得到自己想要的结果的时候，你会在心里愤愤地认为这对自己很不公平。每个人都希望现实能够对自己公平、再公平一点，然而这个社会不存在绝对的公平。试想一下，如果你如今高高在上，你觉得这很公平，这是你努力之后生活给你的理所应当的酬劳，但是或许这在其他人看来，就是极大的不公平。因为他们也努力了，也付出了，但结果却失败了，这公平吗？

于是，有关公平与否的呼声从来就没有停止过。人们常说，看别人不顺眼，是自己修养不够。每个人都希望自己能够和别人与周围的一切和谐相处。生活中我们常常发现,有的人往往会因为性格不同而产生这样那样的矛盾,而不是因为思想观点上的分歧或者是道德品质的问题导致的。

比如说有的人性情沉稳,做事认真,对那些毛毛躁躁的人根本就看不惯,有的人果断泼辣,就很难和那些优柔寡断的人相处。

其实,能否学会和不同性格的人打交道,学会接受你看不惯的一切,对工作和生活都具有很重要的意义。

接受你看不惯的一切,既然你无法改变环境,那就学着改变自己。这样才能进退自如。

有一个人总是落魂不得志,便去向智者求救。

智者沉思良久,默然舀起一瓢水,问:"这水是什么形状?"

这人摇头:"水哪有什么形状?"

智者不答,只是把水倒入杯子,这人恍然大悟,"我知道了,水的形状像杯子。"

智者把杯子中的水倒入旁边的花瓶,这人悟道:"我知道了,水的形状像花瓶。"

智者摇头,轻轻端起花瓶,把水倒入一个盛满沙土的盆。清清的水便一下融入沙土,不见了。

这个人陷入了沉默与思索。

智者弯腰抓起一把沙土,叹道:"看,水就这么消逝了,这也是一生!"

这个人对智者的话咀嚼良久,高兴地说:"我知道了,您是通过水告诉我,社会处处像一个个规则的容器,人应该像水一样,盛进什么容器就是什么形状。而且,人还极可能在一个规则的容器中消逝,就像这水一样,消逝得迅速、突然,而且一切无法改变!"

这人说完,眼睛紧盯着智者的眼睛,他现在急于得到智者的肯定。

"是这样。"智者拈须,转而又说,"又不是这样!"

说毕,智者出门,这人随后跟着。在屋檐下,智者伏下身子,手在青石板的

台阶上摸了一会儿，然后顿住。

这人把手伸向刚才智者所触摸之地，他感到有一个凹处。他不知道这本来平整的石阶上的"小窝"藏着什么玄机。

智者说："一到雨天，雨水就会从屋檐落下，这凹处就是水落下的结果。"

此人遂大悟："我明白了，人可能被装入规则的容器，但又应该像这小小的水滴，改变着这坚硬的青石板，直到破坏容器。"

智者说："对，这个窝会变成一个洞！"

人生如水，要懂得适应环境，懂得适时转变与坚持不懈方能有机会去改变环境。

而对于刚入职场的年轻人来说，在他们的眼中，似乎处处充满了不公平、不合理，满怀着青年人的血气方刚，开始用自己的价值标准去评判这个社会。

如果你一味地跟与自己一样的人攀比，就会觉得事事不公，从而产生不公平的心理，甚至在公司道人长短，大发牢骚。你总以为这样能够发泄一下心中的怒气，却往往会因为自己的这种发泄自毁前程。年轻人要让自己的眼睛容得下沙子，如果你很有能力也特别有才华，本来可以在职场上前景无量，可是由于你不懂得适应职场的众多的不公，不懂得眼里容得下沙子，你就会被这种不公平淘汰。

聪明的年轻人懂得在职场中宽容处世，包容所有的恩怨，用宽大的胸怀与巨大的智慧去看待职场竞争，接受看不惯的一切，这就可以帮助自己在职场中远离纷争，远离因攀比而产生的负面心理，以一颗感恩的心去积极工作，从而与同事和睦、团结相处，获得上司与老板的赞扬与欣赏。

其实，面对这些种种的不公平，作为职场上的聪明人应懂得让自己的眼睛里容得下沙子，接受看不惯的一切。接受看不惯的一切，不是委曲求全，不是明哲保身，更不是懦弱无能或者无奈，而是一种生存和发展的智慧，是一种气度。如此，便可以以一种宽广的胸怀，让自己抛开眼前的蝇头小利，远离陷阱，从而深思熟虑，为着人生的追求而努力，蓄积力量，实现自己最终的目标。

　　虽然不能绝对地去说存在就是合理，但是你要承认的确存在有很多的不公平，而这个不公平是任何人都有可能遇到的。很多人都在追求公平，毕竟大家的工作是一样的，得到的报酬或者其他方面也希望一样，看到有些人的报酬多或者有其他的好处，任何人的心里都不会特别舒服。但是职场是一个复杂的地方，它存在很多间接的因素。

　　如果你能够懂得适应职场的不公平，懂得绝对的公平只是人类的一种美好愿望，上司不可能把一碗水端平，你就能够放下自己的抱怨，放下心中的怒气，懂得"小不忍则乱大谋"，从而坦然接受现实的不公，用一颗包容的心去施展自己的个性和魅力，为追求更大的目标铺平道路。

开源节流的理财力
——树立正确的理财观，
理智支配金钱

金钱，是财富的一种象证和符号。然而，古往今来，奔着它去，又将自己的前途葬送在它的脚下的人和事数不胜数。钱，不是越多越好。只有树立正确的观念，才能让钱更好地为自己服务，而不是甘当金钱的奴隶。

理智消费，规划支出

每个人都希望利用手中的钱让自己过得好一些，再好一些。但是也有不少人贪慕虚荣，为了追求那些不切实际的东西，一掷千金的气度，却最终落得了钱到用时方恨少，甚至比这更落魄的境遇。

一个理智的消费者会靠着勤俭节约，艰苦奋斗得来的财富，量入为出、适度地消费，避开了盲从，走向理性，也就能少栽甚至不栽跟头。

柴米油盐、吃穿住行，样样都离不开钱。中国有句俗话，叫做"吃不穷，花不穷，不会算计一生穷"。如何安排手中的钱，也是一门不小的学问。

小辉的童年记忆离不开信封，正是这一个个承载着希望的信封便随着小辉长大，也让他懂得了父母的不易，对他以后的成长也有很多启示。

小时候，他的家里经济状况并不怎么好，虽然爸妈都有工作，但是报酬并不多。那时候，他经常看见妈妈准备好几个信封。每逢领工资的时候，妈妈就会把她和爸爸两个人的工资放在一起，然后再分成好几份，分别装进几个不同的信封里。并且每个信封里的钱的用处和去向也是有明确规定的。

一个信封里放着买米买菜和买油的钱，一个信封留下一个月的水费电费和买煤的钱，一个信封里给家里添置新衣服的钱，另一个是小辉的学费和零花钱。这几个都是固定的支出，必须先留出来。另外两个信封大概是一些人情支出和其他支出。小辉每次放学回家，和妈妈说要买什么东西或者学校要交什么钱的时候，妈妈就会把对应的信封拿出来。信封锁在卧室的抽屉里，她把信封取出来放在桌子上，然后一起坐下，看看信封里还剩下多少钱。如果对应的信封里没有钱了,她会再看看其他的信封里有多少钱可以用。

很多时候,妈妈会让他自己做出选择,比如说可以取出买衣服的钱用来买玩具车,但是这样就意味着另一个信封里的钱少了,但是一旦决定买了玩具,那么用来买运动衫的钱就没有了,就得继续穿旧的。

对于一个并不富裕的家庭,生活仍然可以过得井井有条。很多时候,我们所购买的并不是我们生活所必需的。对于那些可有可无的东西,为何还非要去买呢?

妈妈的"信封"教会了小辉许多道理,当把有限的钱规划好,就能很快意识到自己的支出重点,过自己最想过的生活。

对于那些不幸失去主要经济来源的人来说,更应该注意规划好每天的开支,理智地消费。刘先生和妻子在金融风暴中陆续被裁员,失去了工资收入,两个人只能靠着以前的那些存款度过一些时日。但是,那些钱毕竟数量不多,又是死钱,花一个少一个。尽管生活举步维艰,但他们精打细算,日子渐渐也就有了起色。

拿刘先生的持家经验来说吧,他认为购买商品,质量第一。宁缺毋滥,否则浪费的不只是金钱,还有时间、情绪等。居家过日子,用钱的地方很多,但是什么时候都不能将节俭二字抛之脑后。尤其是在购买大件的时候,刘先生通常都是货比三家。这样不仅能买到合适的商品,有时候还能意外地结余下不少。

总之,大到高档家具、豪华家电,小到一针一线,刘先生都有合理的规划,对于那些可买可不买的东西,是坚决不买。

失业、下岗是人生的常事,不能因此就颓废了意志。不管遭遇什么样的境况,都不能忘记在节流中寻找开源的机会。

当人们手中的钱越来越多,就逐渐不满足于依靠存钱所带来的满足了。走出了单纯以储蓄为主要手段的理财方式,人们开始寻求更多、更有效的理财方式。面对多种多样的理财方式,更需要人们用理性的头脑去管理自己的财务。切不可盲目跟风。有的人看周围的朋友在股市上赚了钱,心里也痒痒,决定试试运气，但是入市之后，非但没赚到钱，还将自己的全部积蓄输得精光。有的人不甘心，哪怕是到处借债，也决心把投进去的钱捞回来，可是他全然不顾股市的风险，弄到最后，走进了恶性循环的怪圈，各种悲惨结果的出现也就不足为奇了。抱着盲目跟风、急功近利的心理，最终只会一无所获。

不管是理财还是投资，都不是一种简单的赚钱方式。每个人要对自己的生活有个规划，不要因为还年轻，就可以"赌"得起，或许你有"赌"的资本，却不具备输的实力。面对财富，要保持冷静的头脑、平和的心态。

说到底，钱怎么花，是个人的事情，旁人无可厚非。有人曾对不同的消费观念做过这样一个生动的比喻：同样吃一串葡萄，有人从最小的依次吃起，有人从最大的依次吃起，有人不经意随手摘着吃——第一种人永远只吃到最小的，却越吃越好；第二种人所吃每一个都是最大的，可惜每况愈下；第三种人则有吃就好，不愿在这件事上枉费心思自寻烦恼。究竟哪一种方式才最合适，或许只有吃的人才知道，正像"鞋子合不合适，脚知道"一样。

消费也和吃葡萄一样，你想追求实惠，可以，如果你有条件去追求时尚、奢侈，别人也无可指责。甲说将钱存到银行最稳当，没有任何风险；乙却说还是花钱为自己买个保险最靠谱，万一有个三长两短也可以找到缓解的途径……不管是哪一种消费方式都无法排出优劣次序，对于每个人来讲，应根据个体情况的差异，对自己的生活进行一番规划，理智地消费方是良策。能赚钱也会花钱，不会花钱的人，赚再多也不一定够用，能够合理规划的人，往往能将有限的资源发挥出最大的价值。

存一笔应付重大生活变故的钱

从一个人花钱的态度上可以看出他对生活的态度。有人喜欢细水长流,有人却选择今日有酒今朝醉,这些都是个人的生活方式和生活态度,只要不对他人造成伤害,这都无可厚非。毕竟都是自己的劳动所得。

"月光族"今天看来,早已经不是什么新鲜的名词了,说不定我们每个人都曾经历或正在经历这样的阶段。所谓"月光",就是每个月不管挣多挣少都统统花光,更有甚者,还会连连透支信用卡。这样的人,大都喜欢及时享乐,喜欢超前消费,似乎这样的生活习惯也正是他们所追逐的潮流。抱着一种"要钱干什么,不就是为了花吗"的思想大胆享受着眼下的美好时光。然而,居安思危,未雨绸缪,无论对于工作还是生活,这都是一种值得提倡的理性观念。

一般来讲,每年春节前后,跳槽的人比较多,这段时期也是公司的动荡期,这样的情况每年都会出现。然而这对于小夏来说,却是前所未有的尴尬。

小夏学的是外贸英语专业,毕业之后就到了这里,虽没有令人惊艳的美貌,但也出落得端庄大方。她性格活泼,平时为人也比较豪爽,因此不管走到哪儿,人缘都不错。她年纪轻轻,却已经在公司里干得有声有色。她的英语口语是公司里最棒的,由于工作认真出色,也打破公司之前的升迁纪录,从一个实习生到部门经理,她只用了一年半的时间。作为公司所有部门经理中最年轻的一名,她的前途可谓是无限光明的。

小夏的薪水并不低,然而她却是一个标准的"月光族"。她花钱大手大脚,从不算计。购物、美容、健身、旅游、美食等所有在她看来时尚的消费她从不放

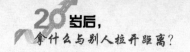

过，自然，在这样的环境中她的日子也过得相当滋润。

后来，一个偶然的机会，她被另一家更有名气的跨国企业所看中，经过深思熟虑之后，她决定跳槽。原以为一切是水到渠成的事情，但是让她想不到的是，拦住自己去路的竟然是自己。作为重要部门的经理，她在年初与公司签订的聘用合同中有关于违约金的赔偿条款，她和公司签了3年的合同，还有2年才到期，按相关合同规定，她要赔偿违约金5万元，否则公司将不予办理有关辞职手续。在此，我们姑且不论这样的规定是否合理合法，单说赔偿一事儿，就让小夏伤透了脑筋，5万元怎么说也不是一个小数目，何况最头疼的是她真的没有这么多钱，别忘了，她可是"月光族"呢，哪里会想到这些！不得已，她一遍又一遍地找老总，希望能少赔一些，还算不错，领导们通过商议，决定最终赔3万元，可即使这样，小夏也拿不出这笔钱，如此的结果真让小夏哭笑不得，郁闷不已。早知有这样的尴尬，怎么也不做那潇洒的"月光族"了，否则哪里会有如此的烦恼呢！

如果一个人花钱没有计划性，那么赚再多的钱也是不够的。俗话说"吃不穷，穿不穷，计划不到就受穷"。基本的甚至有点小奢侈的正常消费是不可能把所有的钱都花干净的，所以说，月光族是一群不会规划自己钱财的群体。

虽然说，不少的月光族和工资水平有一定的关系，但是大部分月光族是用钱没有规划，是和个人的理财有着密切的关系的。懂得生活的人收入再少，都会攒点钱出来的。不懂得生活的人，收入再多，照样月月没钱花。

这样的人爱慕虚荣，贪图享受，喜欢处处体现自己的档次，体现自己的不凡。好面子，充大方，赚多少花多少，甚至不够，找父母、亲戚、朋友借、要。结婚、买房、生孩子等大额支出他们也不是没想过，而是在他们从来都觉得这些还远着呢。

月光族只是一个过渡期，很可能大多数的80后、90后都有过一段时间是月光族的，但是经过一段时间以后如果能走上合理的理财轨道，也是人生的一大幸事。

月光族也有自己的优势，他们都有较为固定的收入，从不会为下个月的钱发愁。或许，有不少年轻人正羡慕着月光族的生活方式，羡慕他们没有压力，不用过拮据的生活，可以在有限的条件下精彩地活着，但是人活着有很多事情要做，不单单是为了自己享受生活。当然享受生活也是人一生中的必须，但不是全部，我们还有责任、还有义务——对老人、对孩子，活着不能只为了自己。

没有风险意识的人，早晚是要有麻烦的。你无法预料未来的情况，更无从知晓下一刻会发生什么，一旦遇到什么紧急情况，急需一笔钱，但是你没有一点积蓄，那将是一件极其头疼的事情。如果有幸能够借到，也能解解燃眉之急，倘若借不到呢，麻烦也就很难消除。总而言之，能存钱的时候尽量存些，有备而无患。不能只看到眼前的舒适，而忽视了长远的利害关系。

如今物价水平高，生活必需品越来越多，生老病死也都是突发事件，各种大小投资层出不穷，旅游、结婚、育儿、车房，哪一项都是需要长期积累才能应付，理财尚且不能致富，更何况月光。

若是在困难来临时，才去想办法弥补，其实都已太晚。最好的理财方案就是，提前为自己未知的将来，做好充分的财务准备。这样，不至于在危机来临的时候，陷入困境。没有人能够预料未来会发生什么，但是能把握今天，在条件允许的情况下存一笔应付重大生活变故的钱，防患于未然，终归是好的。

巧妙应对人情往来支出

当年轻人怀抱着希望从学校走向社会，踏上职场这个舞台之后，一举手一投足都免不了与同事寒暄、应酬。有的人自幼就养成了对什么都随随便便，满不在乎的态度，他们在与人交往的时候固然给人不拘小节、心胸开阔的活泼印

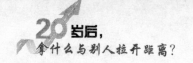

象，但是如果把这种大大咧咧的态度带到人情往来中，那么早晚会吃亏的。

同事之间即便再怎么亲密，也是不同于同学关系的。在日常生活中，为人处世，同事之间有很多事情需要你去应酬：张三结婚、李四生日、王五得了贵子、马六新升了职务，这些事要躲当然也能躲开。但是，刻意去避免的话只会给自己招来诸多欷歔之声。

生活中的应酬是一门人情练达的学问。应酬是一门社交艺术，只有善用心思的人，就能达到联络感情的目的。

你可以这样想一下，正常情况下我们每周七天的时间就有五天的时间是和同事一起度过的。那么重视与同事之间的应酬也是理所当然的事情了。

重视应酬，一定要入乡随俗。如果你所在的公司中，升职者有宴请同事的习惯，那么如果这等"好事"让你碰上的时候，你一定不要破例，你不请，就会落下一个"小气"的名声。如果人家都没有请过，而你却独开先例，同事们又会觉得你这人爱显摆，太招摇。因此还是按约定俗成的规矩来办比较好。

比如你新领到一笔奖金，又适逢生日，你可以采取积极的策略，向你所在部门的同事说："今天是我的生日，想请大家吃顿饭，敬请光临，记住，别带礼物。"在这种情形下，不管同事们过去和你的关系如何，这一次都会乐意去捧场的，你也一定会给他们留下一个比较好的印象。

在和同事之间交往的时候，各种复杂的情况都有可能出现。当你面对别人邀请的时候，去与不去也是一个问题。人家向你发出邀请，你若是不答应又有些不妥，对方会觉得你很不给面子，那么答应之后也不能鲁莽行事。

对于那些平时来往较多，交情较深的同事，应该做到有求必应。对于浅交之人，去也只是应酬，礼尚往来，最好反过来再请他，从而把关系推向深入。

总之，坚持一个原则，能去的尽量去，不能去的就千万不能勉强。比如同事间的送旧迎新，由于工作的调动，要分离了，可以去送行；来新人了可以去欢迎。欢送老同事，数年来工作中建立了一定的情缘，去一下合情合理；欢迎新同事就大可不必去凑这个热闹，来日方长，还愁没有见面的机会吗？

重视应酬,不能不送礼,同事之间的礼尚往来,是建立感情、加深关系的物质纽带。

同事在某一件事上帮了你的忙,你事后觉得盛情难却,选了一份礼品登门致谢,既还了人情,又加深了感情。同事间的婚嫁喜庆,根据平日的交情,送去一份贺礼,既添了喜庆的气氛,又加深了感情。像这种情况,送礼时要留意轻重之分,一般情况情谊到位就行了,千万不要买过于贵重的礼品。

同事间送礼,讲究的是礼尚往来,今天你送给我,我明天再送给你,所以,不论怎样的礼品,应来者不拒,一概收下。他来送礼,你执意不收,岂不叫人没有面子?倘若你估计到送礼者别有图谋,推辞有困难,不能硬把礼品"推"出去,可将礼品暂时收下,然后找一个适当的借口,再回送相同价值的礼品。实在不能收受的礼物,除婉言拒收外,还要有诚恳的道谢。而收受那些非常礼之中的大礼,在可能影响工作大局和令你无法坚持原则的情况下,你硬要撕破脸面不收,也比你日后落个受贿嫌疑强。

但是话说回来,重视同事之间的应酬,不能让人情成为一种负担。当人情来往逐渐成为一些人的经济负担的时候,还成了对他人人品发起攻击的缘由,这个时候你会发现在人情来往中,有些人一面计算着得失,一面心理不平衡地接受请柬赴约,在叹息着自己钱包的同时还要说着言不由衷的祝福语。

重视应酬,人情疏远不得,讲究礼尚往来,既然接受了邀请就要尽量去和大家一起共享其中的快乐,不能让之成为一种负担。

尽量不要和同事有金钱往来

常言说得好："如果你想破坏友谊，只要借钱给对方就行了！"金钱借来借去一定会发生问题。尤其是在办公室，可以说是一个有些敏感的地方，本来竞争就多，与同事有金钱上的往来，会增加过多的竞争。一旦影响同事关系，难免就会影响工作。

借钱容易产生不必要的矛盾。C女士是一家公司的客服，工作轻松，待遇也不错，但也是月光族中的一员，那次正值月底，上月发的钱已所剩无几，偏偏又赶上交房租，无奈之下只好向同事L求助，面对C的第一次开口，L也不好拒绝，毕竟同在一个公司，低头不见抬头见的，于是就很痛快地答应了。正是L的这4000块钱才得以帮C解了燃眉之急。到了约定的还钱的时间，可C还是没有办法一次还清，只好厚着脸皮请对方再宽限几天，L回答说不着急，前几天给女儿交学琴费倒是用钱，不过我已经想了办法。C没心没肺地连声道谢，过后就被"好事者"指出其实人家是在暗示你还钱呢，再说了，你满身名牌会还不起这4000块钱？谁信？话里话外都在影射C的赖账。C心里别提多么不舒服了，第二天马上找到同学拆墙补洞，才算暂把这一层羞给遮住，至于日后是否留下不良口碑，C却是想也不敢想了。

金钱不是万能的，但没有金钱又是万万不能的，我们工作的目的也是为了赚取金钱。所以，由金钱产生的矛盾是普遍存在和屡见不鲜的，我们要加倍小心。与办公室里的人员来往，虽然应该真诚相待。可是，有时候防范也是不可少的。因为知人知面难知心，在对某个人还没有很了解的前提下，要谨言慎行，避免交浅言深。一般情况下，不要随便将自己的内心世界和盘托出，直言相告。对不了解的人，自己的想法、意见要有所保留，否则是既不明智也无必要。自己的烦恼自己知，有时候说出来不但不能得到安慰或帮助，相反会遭到耻笑与攻击。还有的人，你和他仿佛一见如故，打得火热，但三分钟的热情一过，就会反过来攻击诽谤你，造谣中伤你，所以你要格外当心。

工作中常有这样的事，比如你刚进公司不久，就碰到同事前来向你借钱，数额还不小，面对这种矛盾，说不定你会深感困惑，不知如何是好。借给别人吧，自己工资也不是很高，显得有点心有余而力不足。不借吧，又怕得罪了他，影响了日后彼此的关系。怎么办呢?这时，你会左右为难。其实，你最好很明确地拒绝他，并且诚恳地把自己的实际情况讲给他听，只要他是个通情达理的人，就会理解你。如果你将钱借给他了，而他迟迟不还，那你应该直接开口向他要，因为，他也许已经忘记了。同样的原因，你也不要随便向他人借钱。如果你不得已借了，则应该及时还给人家;不然，则有可能在同事中留下不好的印象。另外，你还得注意的是，你的同事中可能有的人总会毫无顾忌地把别人的东西拿来就用，只说一声，"借我用一下"或"我借了……"似乎别人理所应当借给他的。还有的一借就不还，并且不经催讨就永远不还。

另外有一种人更可恶，把借来的东西又转借给他人，这些都是极不好的习惯。你会觉得他们这种"不拘小节"给你带来了很多不便和不快。将心比心，反观自己，一定要注意不要总是随便借用甚至转借他人物品。

金钱是物质交换的工具，也是个人劳动价值回报的表现方式。金钱对我们每个人都至关重要，所以存在于金钱方面的矛盾在所难免。有的人往往为了金钱而置同事关系于不顾，和你反目成仇。所以面对金钱方面的纠纷一定要小心，千万别因小失大，把小事变成大问题，同事之间的借债问题，能避免的尽量避免，要委婉回绝，加以妥善处理。

同样的道理，你也不要随便向他人借钱。假如你不得已借了，则应该及时还给人家，否则有可能在同事中留下不好的印象。身处一个办公室的同事，低头不

见抬头见，千万不要为了金钱问题伤害了感情，因为这可能会影响你的前途！

现实中因为借钱滋生同事间矛盾的例子为数不少。同事是以挣钱和事业为目的走到一起的革命战友，虽然比陌生人多一份暖，不过终究不像朋友有着互相帮衬的道义，离开了办公室就会各奔东西。因此，假如不想和同事的关系错位或变味，最好不要和同事有金钱往来。

和谐幸福的婚恋力
——别轻易爱上谁，也别轻易放弃谁

人生没有彩排，你一次演不好，还可以继续排练，一直到万无一失的时候，再闪亮登场。很多人在不懂爱情的时候恋爱，不懂婚姻的时候义无反顾地踏进围城。纵然可以给你机会让你试演，但是短暂的人生又能经得起你几番折腾？一段幸福的婚姻，不仅仅需要爱情，更需要责任。只有两者并重，方能持久。

结婚要做好承担责任的准备

在很多人看来,领结婚证是再简单不过的事情了,只需掏个工本费就可以名正言顺地确立起彼此的婚姻关系。然而,生活本身远远不是一纸证书所能承载起来的。

当彼此交换戒指的那一刻,就注定了以后的道路就要风雨同舟,在共同扶持下才能走得更为稳健和踏实。婚姻不仅仅是对两个人的约束,更是一种责任,如果还没有做好结婚的准备,就不要盲目行事。

小陆是村里唯一的大学生,是乡人的骄傲,他刻苦努力。小刘出生在一个富裕的城市家庭,从小娇生惯养,相貌出众,是公认的校花,众男生心目中的公主。小刘全然不顾其他男生的追求,而是想方设法创造和小陆交往的机会。这两个家庭环境有着天壤之别的人在众人不解的目光中走到了一起。

毕业后小刘不顾父母的劝说,毅然决然要和小陆在一起。在家人的阻挠下,她再次做出了令人想不到的举动,偷出了家里的户口本和小陆去了民政局登记结婚。最终事情败露,但生米已经煮成熟饭,通情达理的父母也只好祝愿他们两人能够幸福地生活。

小陆的确是一个负责任的好丈夫,婚后两个人也是恩爱有加,但是由于刚刚开始工作,大城市生活的压力让小陆时常感到无法承担起整个家庭的重担。一边是自己的小家庭,一边是远在家乡的父母,他作为长子,理所当然要挑起供应弟妹、减轻父母负担的大任。夫妻两个人的收入加起来才勉强应付日常的生活。然而,从小到大没有吃过丁点苦头的小刘在和小陆结婚后,还要不断向爸妈伸出请求接济的双手。这样的日子，持续了不到一年，小刘无法忍受这样艰难的生活，最初的激情过去，婚姻的甜蜜远远小于生活的压力带来的煎熬，最终两个人心痛而又无奈地分道扬镳。

对于有些人来说，婚姻是爱情的归宿，但是对于另一部分人来说，婚姻却是爱情的坟墓。当停止了风花雪月的浪漫，青涩的感情渐渐开花结果，就变成一种需要承担的责任。这种责任厚重而又现实，成熟而不张扬。从某种程度上来讲，结婚是一种承诺和责任，需要面对的问题很多，需要心理上和物质基础上一段时间的准备。

相信小刘和小陆两个人之间的恋情和许多校园爱情一样充满了浪漫和纯洁，然而在步入婚姻殿堂之前，两个年轻人甚至想都没想，只是靠着一股子冲动，就草草地结了婚。要知道，婚姻远不是两个人搭伙过日子那么简单。两个人几乎都没有在做好任何准备的前提下，贸然向着人生的另一个阶段进发了。

毕竟婚姻不是儿戏，它不像你想象的那么简单。当你决定开启婚姻之门的时候，问一下自己是否已经做好了承担责任的准备，并且有能力将这份责任进行到底。

你们的爱情是否已经成熟到足够结婚的地步？成熟的恋情不但包括爱的专一性，还包括是否愿意为对方无条件地付出，为对方着想，婚后是否愿意花时间来培育爱情，承担家庭、自己、配偶现在及将来的责任。

是否具备独立的经济条件，每个人都应该明白，金钱不是产生爱情的根源，但却是让婚姻持续下去的基础。如果两个人在一起，连基本的生活都得不到保障，又何谈给对方幸福的家庭呢？当然有时候不能一概而论，如果困难只是暂时的，两个人都有战胜的信心和勇气，那么就可以避免"贫贱夫妻百事哀"的情景的出现。

婚姻不但需要独立的经济基础，还需要心理的独立。对于二十多岁的年轻人来说，其心理发展，尤其是与爱人相处的心理发展，还处在少年甚至儿童期。独生子女的特殊社会现象，使父母有意或无意地不舍得放手。有些人结了婚，

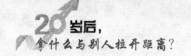

凡事还会请教父母。父母往往出于维护子女，只考虑自己孩子的个人利益，而忽略了子女在婚姻中的相互关系以及夫妻的共同利益，结果就出现了夫妻在其父母的主宰下，形成两派。最糟糕的结果就是婚内争权斗争。它会一点点磨灭情感，最后只好以离婚收场。

对于爱情的领受，是要承担重大责任的，最起码的是不使对方陷于不幸，或者无辜受累。爱情生活需要不断地用理解去浇灌、去滋润，只有理解了的东西才能占有，也只有在理解中才能体味到真正的爱。

人人都向往持久的爱，并期盼着将这种美好的情感延续到永久，然而婚姻不是仅仅有爱就能解决的事情。婚姻爱情需要理解，需要责任，结婚是一种责任，它要求两个人能够在人生道路上相互搀扶着走到生命的尽头。真正的爱情是不使对方陷入不幸福。

婚姻不仅仅是两个人的事

小时候玩过家家，随便一块红手帕蒙在头上，小男孩就娶了小女孩。第二天抱个布娃娃，已经算有了小孩。长大以后，依然把爱情看作纯净水，不允许其含有一点杂质；依然认为婚姻只是两个人的事。这样的人，依然处于玩过家家的阶段；而这种说法，也只存在于理论与法律中。

婚姻远远没有那么纯粹简单。看看身边的人，自称婚姻生活幸福美满的又有几个？不过，就算把婚姻视作畏途，依然要一脚踏进去。再独立、再开放的女孩，最终也需要一个所谓的归宿。

恋爱的时光是美好的，相信不少人在年轻的时候都认为爱情大于一切。

陆续的,身边有不少人谈婚论嫁,买房相亲成了大家聊天的主题。朋友、同事陆续走进婚姻的殿堂……等过了 20 岁,认真开展每一段恋情竟然都是奔着结婚去的。

有很多情侣,亲密无间在一起很多年,始终不提结婚。有人问起来,总是说时机不成熟。所谓的时机不成熟,不过是一个万能的借口。隐藏在借口后面的,是各种不得已的苦衷。

结婚不仅仅是两个人的事,你嫁给了他,就等于嫁给了他全部社会关系的总和。你们俩的结合就是两个家庭的结合,他娶了你,就等于娶了你的一切包括你的社会关系,你的父母。

再好的爱情都有可能败给时间。甜言蜜语、浪漫情调都是留给别人的,婚姻就是实实在在的柴米油盐,适不适合最重要。眼光千万不要太高,错过他(她),不见得前面会有更好的。每个人都有毛病,无非是挑一个你能最大限度容忍的而已。

琪琪是一个生性简单安静的女孩,她所追求的生活和爱情也是那种简单而美好的,她一直遵循简单而开心的法则生活着。在 24 岁的时候,追着爱情的步子勇敢地走进了围城。

与其说她不善交际,倒不如说她是那种喜欢清净的人,可是偏偏那些七大姑八大姨的都在一个城市,逢年过节都要吃团圆饭的,隔三差五的也有不少人情往来。老公的朋友数不胜数,今天找他打牌,明天那个又找他喝酒,压根儿就不管他是不是有家室的人。婚后的生活让阅历浅薄的琪琪不知所措,婚姻的实质反射到她的现实里让她觉得有些头昏脑涨吃不消。

最初的激情和甜蜜没有持续太久,两个人就开始为了日常的一些琐事争吵不休。夫妻两个和婆婆家住得很近,她和丈夫有什么风吹草动,就很容易惊动婆婆一家,一旦开战,公婆、小姑子都来劝架,不过都是和丈夫站在一条战线上的。慢慢地,琪琪和老公之间的感情危机蔓延开来,一段婚姻好不容易维持了三年半最终还是走向解体。

俗话说，吃一堑，长一智。可是琪琪在离婚后的第三个月和另一个同自己有着相似经历的男人再度走进了婚姻的殿堂。由于两个人相处时间短，对对方的家庭还不怎么了解，蜜月期还没过，乡下的婆婆就登门来访，打算在儿子家住上一段时间，享享清福。琪琪对待公婆还算孝敬，一点都不敢怠慢。可是无论琪琪怎么努力，婆婆好歹就是不买账，横挑鼻子竖挑眼。原以为可以仰仗老公为自己说句话，可是没想到老公却是一个内向而软弱的人，对父母的话却是言听计从，对于妻子和父母之间的纷争，不分青红皂白，一律认定是妻子的过错。

琪琪怎么都没想到第二次婚姻却比第一次还要痛苦，她常常因此埋怨自己的命不好。

琪琪就这样在围城进进出出足足花了 10 年的时间，才算明白婚姻是怎么一回事。直到结婚的第十年，她才找到和老公、公婆相处的秘诀。既然爱这个男人，既然不想离婚，就得学会包容他的家人、朋友，适应他的那些交际圈。不管你多么看不上他的家庭出身，不管你有多么反感他的酒肉朋友，你都得学会和他们和谐共处，否则你失去的就是自己深爱的男人、你苦心建立的家庭。

《新结婚时代》有一句台词说：婚姻绝不是两个人的事情，嫁给一个人就是嫁给一种生活方式，嫁给这个人所有社会关系的总和。那是嫁给了对方家中全部社会关系的总和。而娶一个人也是娶了她的家庭。

也许爱情真的能够战胜一切，可是建设婚姻的大厦光有爱情是不够的，还要与对方的朋友、亲人、复杂的人际关系间打交道，克服与之的差异。婚姻的磨合期也可以说是一个求同存异的过程。两个只谈爱情的人，未必能够走得长远。

婚姻不仅仅是两个人的事，婚姻是两个家庭的事。所以，结婚除了最主要的考虑两个人是否彼此合适外，还要自然地考虑两个家庭成员（主要是父母）是否彼此合适。只有如此考虑周全，才可少矛盾，多和睦。

如果你是一个将进入婚姻的年轻人，考虑的就不能仅仅爱，爱固然很重要，很现实的家庭成员之间的问题也得考虑。希望每个人都可以想清楚。这是为自己和他人负责。

　　家庭是两个人一起经营的,最好不要有某一个人解决的想法。只有两个人一起努力建立的家庭,才真正是两个人的,也才能让彼此从家庭中收获幸福。婚姻是很现实的,是爱情的现实生活版,希望每个年轻人都能够考虑清楚。

与自己相差悬殊的人牵手风险大

　　对于婚嫁,自古都有门当户对之说。现如今,所谓的门户,家境、年龄、职业、学历等都是要考虑的,如果双方的差距过于悬殊,爱情可能就成了空中楼阁,当绚烂的激情退却之后,两个人之间不匹配的东西就会一一浮现,爱情的步伐也会因此变得踉跄不堪,甚至是止步不前。

　　小军在一家公司做内勤主管,工作环境不错,但就是工资不高。他和妻子结婚5年多了,很喜欢孩子,但是每次提起这个问题,总是招来妻子的不满:"每个月挣那么点钱养活自己都难,拿什么养活孩子?"

　　小军和妻子在两个不同的家庭环境下成长,小军来自农村,有一个弟弟一个妹妹,由于家庭环境不好,父母把他供到高中毕业就已经很不容易了。为了尽早帮家里减轻负担,他放弃了高考,经过别人介绍,他去了一家大型超市当导购。

　　小军的外在条件也算得上是一表人才,又懂得怎么样和人相处,因此深得女孩子的欢心,超市里有好几个女孩都向他表示过好感。

　　在一次内部聚餐的时候,他认识了大他3岁的女孩英,她是一个热情开朗的人,在晚会上也对小军照顾有加。后来得知英是总经理的外甥女,又是超市的高层管理人员。小军的心里顿时冒出了一个不该有的想法,那就是希望能够

找到这样一个有权势的女人，帮助自己尽快脱贫。

两个人熟识之后，英将小军调到了办公室工作，没到一个月，两个人就正视确立了恋爱关系。春节的时候，英带着小军回家见父母，没想到父母在知道这些情况之后，并不看好他们在一起。英的爸妈认为，两个人因为家庭条件相差太大，学历也相去甚远，这样两个人在一起迟早会出问题的。但是，在英的坚持下，父母拗不过女儿，最终同意两个人结了婚，爸妈为了让他们以后的生活能够轻松一些，陪嫁了房子和车子。

刚结婚的那段日子，两个人还如胶似漆，但是没过多久，英的优越感就出来了。两个人收入和地位的差距成了彼此之间争吵的导火线。虽然有时候英故意装作一种不在乎的表情说说谁谁的丈夫多有本事，谁谁的丈夫今天又送了妻子什么贵重的礼物……这一切，小军都听在耳里，痛在心里。对于他这样一个小职员来说，那些贵重的礼物是他永远也无法买得起的。面对妻子有意无意的唠叨和埋怨，他有种寄人篱下的感觉。

在婚后的第三年，当小军再次和妻子谈到孩子的问题时，英恶狠狠地抛出了这样一句话："你挣的钱够买奶粉吗？我当初怎么就鬼迷心窍嫁了你，要不是我，只怕你连馆子都下不起。"

面对这样的状况，小军不知道如何去反抗，虽然很气愤但也只能忍气吞声。为了缓解彼此的摩擦，保留那一点仅有的尊严，他递交了辞职书，凭着这么多年在大型超市工作的经验，他很快就找到了一份新的工作，虽然收入仍然没有那么丰厚，但总算是逃离了妻子的管束。可是一回到家，仍然有很多的问题要面对。

有人说，如果当初小军选择的不是这个象征着金钱和权势的英，而是一个普通女孩，就算是没车没房，但肯定比现在充实快乐。

但是，这个世界不存在如果，流逝的时光也容不得任何人去假设，该发生的不该发生的也都因为你自己的每一个选择在真真切切地发生着。

感情的开始都是美好的，可不是每个人都能承担起婚姻这个现实。不管是已婚的还是未婚的年轻人,在面对婚姻这个话题的时候,不要只用感性的眼光去看待。毕竟再美好的婚姻也是不能脱离现状而存在的。

对于那些正打算迈进婚姻门槛的人,如果和你的另一半之间有着很大的落差,那就要做好足够的心理准备,并且想办法弥补这种差距,那么婚姻的基石才会不那么容易动摇。

有人说,婚姻就像是两个人一起爬山,路上总会遇到这样那样的艰难,有的人走得快,有的人走得慢,而两人是否能步调一致地走下去,关键在于是否有个人愿意停下站一会儿,等待或者拉一把那个走得慢的人,而那个走得慢的人是否愿意赶上去,并继续和对方走下去。如果你执意要选择和自己相差悬殊的人在一起,那么最好也要有够不到对方手的思想准备,抑或做好努力赶上对方坚定牵着对方的手一起走下去的努力。

爱一个人,切忌将其一切理想化

有人说,爱情让人盲目,还有人说,处于恋爱期间的人的智商为零,这些话一点都不假。在热恋着的人眼里看到的永远是浪漫和甜蜜,即便是缺点在对方的眼中也变成了可爱的地方。你爱的那个人的周身都被某种光环所笼罩,见到他(她)似乎就看到了满世界的阳光,原本的阴霾也会在顿时消散得无影无踪。爱情的力量足够伟大,和相爱的人在一起,困顿不堪的岁月也会变成美好的回忆在彼此的心中沉淀或者升华。

但是,不可否认的是,对于正在成长中的年轻人来说,眼睛里盈满了粉红的颜色,爱人的一切在心目中早已经成了完美的替身。一旦有一天,当爱情归

为现实，当婚姻走进日常的生活，你才发现原来对方身上有这么多自己无法接受的缺点甚至是缺陷。当这种情绪持续地存在，彼此的感情就不可避免地会发生危机。

女孩和男孩在众人的祝福中走进婚姻的殿堂，可是婚后，女孩突然感到生活并不是她想象中的那样美好。两个人还经常因为一点小事就会争吵起来。因此，她经常跑到娘家诉苦，有时候她甚至无法抑制自己的情绪，一边哭泣一边说着丈夫的种种不是。

这天，在她哭诉完之后，母亲起身拿来一支笔和一张白纸，对她说："这样吧，我这儿有一张白纸，一支毛笔，你现在拿着毛笔往白纸上点点，你丈夫有一个缺点，你就在纸上点一个点。"女儿顺从地接过了毛笔，开始在白纸上点点。她一边哭一边想丈夫的缺点，想到之后就狠狠地在白纸上点着。等她点完之后，就把那张纸交给了母亲。母亲又把纸递给她，对她说："女儿，你看这张纸上是什么？"女儿说："黑点啊，这上面全是他的缺点。"母亲又说："你再看一下，看看还有什么？"女儿瞪大眼睛重新审视了一番，说："上面除了黑点就是白纸，也没有什么别的东西啊。"母亲笑了，语重心长地对她说："对啊，白纸比黑点大得多了，你怎么只看到黑点呢？你一定是只看他的缺点啦，来，你再数一下他的优点。"女儿停止了哭泣，开始数起丈夫的优点来。她数着数着，脸色慢慢地变得舒缓了起来，最后发现丈夫的优点还是比较多的。她心里再也没有了怨气，于是就对母亲说："妈妈，我知道了，谢谢你。"

在婚姻生活中，很多的争执和矛盾都是由于我们只看到了对方的缺点而忽视了对方的优点而引起的。结婚前，爱人在自己的眼中，无论怎么看，都是那么地完美无瑕。其实，每个人都背着两个口袋，一个叫做优点，一个叫做缺点，每个人也都习惯了把优点放在前面的袋子里，而把缺点放在后面的袋子。因此，就造成了只看到对方的缺点而忽视了他的优点，对自己则是只看到了优点，而忽视了缺点。假如我们能够将这两个袋子调换一下位置的话，所看到的就会大不一样了。

对于如今这个时代的年轻人来说，大部分人都是独生子女，很多人是在父母无微不至的关怀下长大的。在 20 多年的成长过程中，很多人都养成了以自我为中心的性格，喜欢以自己的感受来判断是非，忍受不了不同的意见和处世方式，心胸变得非常狭隘。在成家立业之后，有不少的年轻人不注意改正这些缺点，反而把它们带到了婚姻中来，从而给家庭生活带来了很多不和谐的因素。

在现实生活中，离婚率逐渐上升，离婚的人群里，年轻人占到了绝大多数。为什么年轻人离婚率如此高呢？就是因为他们不懂得包容对方的缺点，遇到一点小事就争吵不休，各不相让，最终导致了劳燕分飞，家庭破裂。

我们应该知道，爱的本质是包容。当两个素不相识的人由相爱走向婚姻的时候，就注定了要付出一些牺牲。毕竟，婚姻已经不再是花前月下卿卿我我的唯美浪漫，也不是莽撞少年的缠绵与誓言，而是烟火生活中的相濡以沫和相互体谅。婚姻爱情的美丽和可贵，不是誓言的多少和承诺的天荒地老，而是相互的包容和理解。

无论男女，他（她）不是必然比你还要聪明、勇敢、勤劳和富有。如果你不能爱一个人的本来面目，而是爱上你期待中的他（她）的话，你会一直失望，而他（她）也会因压力过大而沉默和崩溃。

婚姻是一种缘分，需要懂得珍惜。婚前的交往，往往是美丽的伪装，夫妻只有在共同生活时，才会发现彼此的弱点和问题。宽容，是保持婚姻稳定和幸福的基本品德，因为世界上没有十全十美的人！

金无足赤，人无完人，这个世界上不存在十全十美的人，也不存在完美无瑕的爱情。二十多岁的年轻人，心里承载了太多对完美的期待，然而一份健康的情感不可能脱离现实而存在的。如果你爱一个人，绝对不是因为他（她）的完美，那种将爱人的一切都理想化的人，最终免不了吃苦头的遭遇。要想让自己的婚姻变得更加牢固，让家庭变得更加美满幸福，就应该用一个包容的心态去对待对方，用理性的思维去解决双方的矛盾和冲突。要学会用宽广的胸怀去接纳和包容你的爱人，这样的感情才会持久，这样的婚姻也才能更幸福。

及时处理婚恋中的矛盾

"婚恋是一种特殊的人际关系，很多时候，从锅碗瓢盆的生活琐事到离婚可能只需要 16 秒钟。"有位教授曾这样说过。

33 岁的王女士向好朋友哭诉："这种日子我真是没有办法再忍受下去了。"

王女士结婚十多年了，有一个女儿，每当提起自己的婚姻就满脸乌云，她向往幸福的婚姻，也曾为之努力付出过，可是现在的状况却让她感到窒息，丈夫和她几乎没什么话可说，对女儿也漠不关心，悲哀和无助纠缠着她。

她也不知道曾经幸福的家庭生活怎么会变成如今这个样子。

在很多人的眼中，王女士是一个标准的贤妻良母型的好女人，家庭和工作两不误。结婚十几年来，她每天下班到家开始忙家务。丈夫手下经营着一家公司，经济效益也不错，为了支持丈夫的事业，王女士几乎包下了一切的家务事，丈夫回到家里向来都是衣来伸手饭来张口，对孩子也是不管不问。渐渐地，王女士发现丈夫对自己和孩子的感情日渐冷淡，回家的次数也越来越少，就算是好不容易回到家也没什么话说。有时候连续出差一个月给家里连个电话也不打。

其实，像王女士这样的事情，很多人都曾遇到过或者说是正在经历着。不管是 20 岁的男人还是女人，如果不希望在以后的生活中遇到这样的窘境，从步入恋爱的那一天就应该注意审视彼此的关系。

或许，夫妻之间的关系最让人悲哀的莫过于这种一方无限制地付出，而另一方并不领情带来的冷战，使彼此的关系进一步恶化。家庭生活是很具体的，是一种改造与被改造的过程，"磨合"必然成为生活中一个必然出现的词汇。当平安地度过了最初的磨合期，并不能代表就能相安无事地携手共度一生。无声的矛盾比充满了火药味的婚姻更让人难以忍受。婚姻中的双方一旦出现了情感危机，就应该积极地去面对，才能及时地化解两个人之间的矛盾，才不至于让误会越积越深。

婚姻中的许多风浪，并不是起于什么原则性的大事情，经常是鸡毛蒜皮的小事引起的。特别是丈夫和妻子身上有这样或那样的缺点，在要求完美的对方眼里，是半点也容不下的。没有冲突的婚姻，几乎同没有危机的国家一样难以想象。维系婚姻的并不是结婚证和什么协议，而是时时关爱和事事包容。包容是一种理解、一种珍惜、一种气度。

《安徒生童话》里有这样一个故事：在一个小山村里有一对清贫的老夫妇。有一天，他们想把家中唯一值一点钱的一匹马拉到集市上去换点更有用的东西。老头子牵着马去赶集了，他先用马换了一头母牛，又用母牛换了一头羊，再用羊换了一只鹅，又用鹅换了一只母鸡，最后用母鸡换了别人的一大袋烂苹果。当他扛着大袋子到一家小酒店歇气时，遇上两个英国人，他谈了自己赶集的经过，两个英国人听得哈哈大笑，说他回去准得挨老婆子一顿揍。老头子坚称绝对不会。

老头子回家后，老太婆非常高兴，又给他拧毛巾擦脸，又是端水解渴，听老头子赶集的经过。每听老头子讲到换一种东西，她竟十分激动地予以肯定："哦，我们有牛奶了！""羊奶也同样好喝！""哦，鹅毛多漂亮！""哦，我们有鸡蛋吃了！"诸如此类。最后听到老头子背回一袋子已经开始腐烂的苹果时，她同样不愠不恼，大声说："我们今晚就可以吃到苹果馅饼了！"并拥着老头子，深情地吻他的额头……

美国作家约翰逊在他的小说中有这样一段关于婚姻的理解："婚姻的成功取决于两个人，而使它失败一个人就已足够。世界上没有绝对幸福圆满的婚姻，幸福只是来自无限的容忍与相互尊重。"

　　两个原本素不相识的男女因为爱情走到一起，势必得包容很大的不同：家庭背景的不同、教育程度的不同、价值取向的不同、生活习惯的不同，等等。有的在婚后才发现爱人的性格或者是习惯是那样地难以让人接受。世上没有两个性格和脾气完全相同的人，就算是有，你也未必遇得到。而两个走到一起的人，却有着不同的教育程度，有着完全不同的生活习惯，有着不相同的兴趣爱好，结婚便意味着要克制自己、包容别人。

　　其实很多人在婚姻上的失败，并非不爱对方，而是从一开始就没弄明白：婚姻从来不是一个人的世界，为爱情而携手走入婚姻的两个人，没有谁不爱谁，只有谁不能适应谁。爱情是和一个与自己没有任何血缘关系的人，分享那份最真挚、最宝贵的感情，婚姻本来就是一种冒险、一种赌博，只有包容，才能使我们真正走向生活的天堂。

　　婚姻中不必要什么事都太计较。两人朝夕相处，难免闹矛盾。假若眼睛里容不得一粒沙子，其结果只会弄得双方都很累。

　　很多时候，两个人之间关系的破裂往往是由于平时的小摩擦经过长期的积累而得不到疏解的情况下形成的。在婚恋中，一旦出现矛盾或者摩擦，就应该积极去面对，用真诚的心去化解，将伤害降低到最低限度。

重视长久的生活，婚姻不等于婚礼

　　记不清在哪一部影片中看到了，男主角和女主角从民政局出来之后，看着鲜红的印章，激动地不知道说什么好，男主角不禁将女主角抱了起来，全然不顾路人的眼光。两旁的垂柳在春天的阳光里更加摇曳多姿，那时的心情也如那天的天气一样金光灿灿。向着同一个方向走去,走向心中共同的巢,一路上不止一次地欢呼着:"我们领证了!"

当两个历经百转千回终成眷属的有缘人,两个人的名字终于可以同时出现在一个红本上的时候,再加上那个大红章,两个人已经正式结为夫妻。这是很多男人女人无数次梦境的真实再现。然而,有一个不争的事实是,在很多地方,只有这些,似乎还远远不够,如果缺少了一场婚礼、宴请宾朋好友的环节,在大家的眼中这两个人仍然是站在婚姻的门槛之外。

能够穿上(或者是看到心爱的人穿上)洁白的婚纱,和相爱的人一起走进教堂,听着牧师的叩问:"你是否愿意无论是顺境或逆境,富裕或贫穷,健康或疾病,快乐或忧愁,你都将毫无保留地爱他(她),对他(她)忠诚直到永远?"两个人在相视的那一刻,足以看得到对方内心最深处的温柔……这样的场景是很多相爱的人都期盼过或者曾经真实经历过的。

于是,年轻的男人或者女人为了自己梦想中的婚礼,在谈恋爱的时候,在心中就已经多了很多把衡量婚姻的尺子。有些女人,将权力、财产、房子、车子等作为了自己考核对方的标准,男人呢,也勇敢地为爱情背叛了所有,只为了在恋爱之后能够给心中的她一个完美的婚礼。然而结婚不是一个人的事情,结婚不是为了婚礼,而是为了婚姻。每个女生都有个盼望被骑白马的王子迎娶的梦想,然而如果一味地将婚礼的筹码和"你到底爱不爱我"的疑问放在同一个天平上称量,那么最终的结果可能就会变成财力是否可以等于爱情!

一份真爱,并不在于他在你的婚礼上花了多少钱,买了多大的房子,几克拉的钻戒或者是婚礼上宴请了多少人,为你的面子买了多大的单,而在于他的心是否会永远和你在一起,他是否会无论贫穷、困苦、疾病都会和你在一起,不离不弃。他对你的真爱是否会永远和你在一起,他是否会无论你美丽丑陋,即使如明日黄花般老去都会和你在一起,不离不弃,这才是你应该找的真爱,也才是男人应该给女人,女人也应该给男人的"我愿意"的最真挚承诺的兑现。

婚纱有失去光彩的一天,金钱也会有花光的一天,可是真爱却是永恒的。

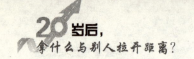
婚礼是做给别人看的，只需量力而行，个性而不失传统，热闹而不奢华，那么你的婚礼就是独一无二的，就是令你终生难忘的婚姻奏鸣曲，要明白婚姻才是自己的。

结婚是不是一个人的事儿，男人没有必要一味强调一切尽在掌握中，却打掉门牙往肚子里咽苦水，女人也不要固执地认为房子、车子、承办婚礼都是男人应该义无反顾承担的事儿，自己只想着坐享其成。要明白你们爱的是对方还是仅仅就是那个婚礼而已？

说到底，婚礼只是个形式，通过这个形式可以告知你们的亲朋好友，从那一天开始，你和你的爱人将共同承载着责任和义务一起开创今后的生活。然而无论何时，婚礼真正的含义不能与爱情脱节，唯一能够让彼此幸福的还是你们之间的爱。

婚礼的规模和形式对婚姻本身一点也不重要。但现如今不少年轻人似乎已经走入一种误区，认为婚礼的豪华与否是预示着婚姻是否能够幸福的开始。也许正是因为对于婚姻和婚礼的这种舍本逐末的认知态度，才导致了一种这样的现象发生——婚礼办得越是隆重和豪华，女性婚后步入正常生活轨道的难度就越大。之所以针对女性来说，是因为对于婚礼的要求通常都是以女性的要求为标准。

其实，婚礼对于婚姻来说，只是对于将要一起生活一生的两个人来说的一个美好、浪漫的回忆瞬间，但这种回忆是否美好浪漫与豪华却不是直接对应的关系，美好的、浪漫的不一定需要豪华，而豪华的东西也不一定是浪漫的，但人们却走入了一种误区，认为豪华的就是浪漫的、美好的。

夫妻今生的生活，或贫或富，或喜或悲，都要由你们两个人共同去创造，只要你认定他是你今生的真爱，那么即使他一无所有或者疾病缠身，他也会是你今生永相伴的爱人和朋友，如果不是，即使他买下整个太平洋，那你也永远是汪洋中的一条船，永远找不到可以停靠的港湾，因为一辈子真爱的人只有一个，两个人共同成长、成熟，遍尝人生的酸甜苦辣咸，相濡以沫，漫步人生路，一起慢慢变老，那么又有什么所谓失去和得到的两难问题呢？无论何时何地，两个真心相爱、即将走过红地毯的单身男女们，都别忘了，结婚不是为了婚礼，而是为了婚姻。

婚姻，原本就不是两个人的事情，这首先就需要夫妻双方协调好两个人和两家人之间的关系，不是所有的家庭都可以举办起百万婚礼，不是每家的婚礼都可以办得豪华气派。任何时候都不可以忽略婚姻的实质，爱、理解、体贴、包容、豁达……能够让你们一起走得更远更幸福。

两个人能够走到一起就是一种缘分，最初爱上对方也绝对不是因为那个人能给自己一个奢华的婚礼，相爱的两个年轻人能够牵着对方的手踏实幸福地走过婚姻中的每一天，是任何豪华的形式都无法与之相比的。仪式量力而行，日子却是每一个踏进婚姻门槛的人实实在在去过的。

不要为面子而错过真爱

每个人都爱面子，因为每个人都有尊严。面子可以说代表了一个人的尊严，但不等于说爱面子就是维护了自己的尊严。每个人都不希望别人伤害自己的自尊，但却不想承认自己爱面子。当遇到伤面子的事情时，有的人恼羞成怒，有的人会隐忍不发。在对待感情的问题上，如果双方产生了误会或者矛盾却不能开诚布公，这样永远不能解决问题，从而导致幸福渐行渐远。

徐晓和刘宇本是一对很恩爱的夫妻，可是在婚后不到半年的时间，他们俩却因为一点小事闹翻了脸，徐晓毅然搬进了隔壁房间去住。每天下班，就一个人去舞厅闲逛，去酒吧买醉，一直在外面待到很晚才回家。

事情的起因仅仅是一张光盘。这天徐晓刚刚升了职，想庆祝一下，心血来潮打算把房间彻底收拾一下，却在无意中发现抽屉的角落里躺着一张陌生的光盘，之所以注意到它，是因为在这张盘的外面还用玫瑰色的彩笔画了一颗心，旁边写着一个很温柔的名字。徐晓乱了方寸，她在片刻的犹豫之后还是打开了那张光盘。在看完之后，徐晓整个人都坍塌了，没想到里面记录的是对一个女孩长达多年的痴恋，她做梦都没有想到，丈夫竟然隐藏得这么深。

她强忍泪水，故作镇静。可就是不向对方提起这件事情，无论刘宇怎么询问，她就是不说，只是选择沉默和冷战。这样的情况又持续了两个月，她开始考虑这份婚姻。在这两个月里，刘宇始终没有弄明白原委，开始他还是不厌其烦地问徐晓，过后，便和徐晓一样保持了沉默。

后来在一家咖啡馆的门口，徐晓正巧碰到了那个女子，正满面笑容地和丈夫一起喝咖啡聊天。徐晓觉得自尊心受到了前所未有的打击，也开始不断赴别的男人的约会。

双方终于僵持不下，选择了离婚。然而在一次出差的时候，徐晓碰到了以前的老同学——陈墨，一见到她陈墨就热情得不得了，无论如何也要一起吃个饭不可。在吃饭时候，陈墨向徐晓举杯说道："这次，我一定要敬你一杯，也算是对刘宇的感谢吧。要不是他，我真不知道还有没有机会追到我喜欢的女孩。"

徐晓当时是一头雾水，后来才知道，原来那张光盘是陈墨托刘宇转交给那个女孩的，那里面记录的故事的男主人公不是刘宇，而是陈墨。

刹那间，徐晓似乎也明白了什么，毁了他们婚姻的不是那张光盘，更不是盘里所记录的过往，恰恰正是他们自己。原本很简单的事情，却都不愿意解释，都固执地选择了对抗和沉默。可是，很多时候，有些东西一旦失去就很有可能不能再找回。过去的美好或许就真的只是过去了。

徐晓终于发现，原来自己顾忌的只不过是根本没有任何意义的"面子"，如果两个人能够坦诚相对，或者他们的婚姻还不至于到如今这个地步。

对于年轻的 80 后来说，"裸婚"一词并不陌生。因为这也正是发生在他们

身边甚至是自己身上的事情。当然,这其间并不否认,有的人是迫于无奈才选择了"裸"。但是我相信,大多数人都是出于真爱才会愿意和对方一起走进婚姻殿堂,而不会考虑这样的"裸"究竟值不值得,不会在意别人的眼光。在面对没有房子,没有汽车,没有婚礼,没有浪漫的蜜月,没有发光的钻戒,只有双方家长的见证和法律上承认的一纸证书,却牢牢地将两个人连在了一起。或许不少人会以为,这样的简单过程实在是很没有面子,会被人瞧不起的。如今,有房有车是许多年轻人择偶的标准,婚礼更是必不可少。但是,也有男女双方相亲相爱,难舍难分,情到深处难以割舍。却由于没有条件举办像样的婚礼而焦虑。有的人可能会选择等挣到房子车子,等外在条件具备之后再考虑结婚,而有的人则不愿意因此而辜负了青春岁月,消磨了良辰美景,不能说这些人就不愿意不喜欢这些光鲜亮丽的形式,只是他们更明白,如果彼此真心相爱,又有什么困难是不能克服的呢?

你结婚的目的是为了丰厚的物质享受还是为了找到一个如意伴侣,彼此相亲相爱度过一生?如果你要追求的是完美的爱情,如果你觉得身边的这个人值得你为他付出。你就没有必要让对方打肿脸充胖子,为你们举办一个表面风光的婚礼。

面子和真爱究竟哪个重要?爱情是双方的,双方都付出感情才叫相爱,如果一方为了面子,甚至连一句关心的话都觉得不好意思说出口,那么这只能说明根本就不够爱对方。如果仅仅是为了让自己在大家面前显得有面子,非要对方给自己举办一个盛大奢华的婚礼,而根本不去考虑双方的经济条件到底能不能承受得起,那么这样的爱还算是真爱吗?任何时候输给了面子的爱都不叫真爱。

真爱中,没有所谓的面子。如果爱,就大胆地说出来,不要等到爱已远去的时候独自承受黯然神伤的痛苦,如果你追求的只是些虚有其表的外在的虚荣和你那所谓的尊严,那么真爱在你看来只不过是满足你虚荣的工具罢了。不能说这样的人遇不到真爱,只能说这样的人即便遇到真爱也不会牢牢把握好即将到来的幸福。

给对方一个解释的机会

有人说，对误会的解释，不过是越描越黑的表现，也有人说，有些东西因误会而更美丽。

在很多人看来，爱情也不过是一场美丽的误会。因为种种误会产生了朦胧的情感，有了更进一步了解对方的渴望。然而不是所有的误会都是美丽的，真心相爱的人之间，如果不能及时消除误会，当初的那份美好也会消失殆尽。

有一对年轻的夫妻，丈夫奔赴前线打仗去了，留下身怀六甲的妻子独守家园。3年之后，丈夫从军中回来了，妻子激动地带着他们的小儿子到村口迎接他。当这对年轻的夫妻再次重逢时，都忍不住流下了难以言说的激动而喜悦的眼泪。他们都觉得是因为祖先在保佑着男人，才得以在战争中幸免于难。丈夫让妻子去市场上买些水果、鲜花之类的供品，回来祭祀祖先。

妻子去市场买菜的时候，这位年轻的父亲就开始逗起小儿子来，不断地要求他喊爹。可是，小男孩稚气而又认真地说道："先生，你不是我爹。我爹每天晚上都会来，妈妈就会陪人说话，一边说着还一边掉眼泪。妈妈坐下来，爹就会坐下来。妈妈躺下来，爹就会躺下来。"这位年轻的父亲听了这番话，脸色铁青，心顿时凉透了。

女人回来了，丈夫连看都不看她一眼，就独自拿着鲜花、水果开始祭祖。等做完这些之后，他把跪拜时要用的垫子卷起来了，不让妻子祭拜。他觉得，这样的女人已经无颜面对列祖列宗，根本就没有什么资格再祭祖，只会给祖上摸黑。之后，他就走出家门，整日在村子中闲逛，饮酒度日。妻子怎么也想不明白，

自己日思夜想的人怎么会变成这样。就这样过了几天，妻子再也忍受不下去了，终于投河自尽。

在为妻子办完丧礼的那个晚上，年轻的父亲点起煤油灯，这时他的小儿子突然叫起来："这是我爸爸!"小男孩指着父亲在墙上的影子说："我爸爸每天晚上都会这样跑过来，然后我妈妈都会跟他讲话，还不停地哭。我妈妈坐下来，他就坐下来，她躺下来，他就会躺下来。"

原来，在几个月前，小孩问起他父亲，她就指着她自己在墙上的影子说："这就是你父亲。"女人不知道该怎么表达自己的思念和担心，就时常对着自己的影子哭诉："亲爱的，你走了这么久，什么时候可以回来，我一个人怎么带小孩?"

年轻的父亲恍然大悟，可是为时已晚。如果当时他能问他妻子："亲爱的，我好苦呀。我们的小儿子跟我说，有一个男人每天晚上都来，你都会跟他聊天，跟他一起哭，而且，只要你坐下，他就坐下。这个人是谁?"她就有机会解释，避免悲剧。可是，他没这么做，因为他太顾面子了，他一想到妻子做了对不起自己的事情，就觉得羞愧难当，实在拉不下这个脸。

年轻的妻子呢，不是也犯了一样的错误吗?因为丈夫的举止，感觉受到了莫大的伤害，但是她也没有主动向丈夫询问。如果女人当初能勇敢地开口，敞开心胸说："亲爱的，我好苦呀!我不明白，我到底做错了什么，为什么你也不正眼看我一眼，连话也不跟我讲。为什么你不让我向祖先祭拜?"她要是这么做了，她丈夫就有机会跟她说小儿子讲的话。两个人也才有机会发现，原来这一切都只不过是个误会。但是，遗憾的是，两个人都没有勇敢地担负起解释误会的责任。

的确，生活中充满了各种各样的诱惑，婚姻中充满了很多的变数，有时候，它甚至脆弱得经不起任何的猜忌和破坏。但是，如果能够多一些信任和宽容，给对方一个解释的机会，你就能守住那份莫大的幸福和温暖。

话不说不明，理不辩不清。给对方一个解释的机会，每个人都有解释误会

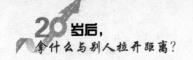

的责任。当你的另一半在尽力向你解释的时候,却因为你的一句"不要再说什么了,我们之间到此为止"这愤怒的一吼或许就因此终止了原本美好的恋情。给对方一个澄清事实的机会,说不定你和恋人之间就能少一些伤害。给对方一个解释的机会,也是给自己多了一个理解别人的机会。

意气用事,后悔的时候就晚了

古人云,祸从口出,就是说人们常常在情绪不稳定的情况下,做出一些反常的举动,说出一些伤害别人的话。年轻人血气方刚,比较容易冲动,但是如果仅凭一时的想法或者情绪办事,就要为自己的意气用事付出相应的代价。

有这样一对情侣,女孩长得很漂亮,也非常善解人意。淘气中带着智慧,她总能想出些新奇的点子来逗男孩。男孩聪明懂事,也特别有幽默感,总能在两个人朝夕相处的每一天找到让女孩开心的方式。女孩尤其喜欢男孩的乐观精神,因此和男孩在一起,不管是碰到什么挫折困难,只要和男孩一说,顿时就觉得不值一提,天空马上变得阳光灿烂。

他们一直相处得很好,在内心深处,早已经把对方当作了自己不可分割的亲人。

男孩对女孩的感情无法用语言来表达清楚,每次吵架的时候,男孩都会主动认错,即便有时候根本不是他的错,因为他不想让女孩生气伤心,因为他是那么地在乎女孩。

日子就这么过了5年,男孩和女孩仍然和当初一样彼此依靠地生活着。

在一个周末,女孩出门办事,男孩本来打算去找女孩,但是一听说她有事,

就打消了这个念头。他在家里待了一天，他没有联系女孩，他觉得女孩一直在忙，自己不好去打扰她。

谁知女孩在忙的时候，还想着男孩，可是一天没有接到男孩的消息，她很生气。晚上回家后，发了条信息给男孩，话说得很重。甚至提到了分手，当时已经很晚了。

男孩心急如焚，打女孩手机，连续打了 3 次，都给挂断了。打家里电话没人接，猜想是女孩把电话线拔了。男孩抓起衣服就出门了，他要去女孩家。

女孩在 12 点 40 分的时候，最后一次听到电话响之后，看到是男孩的号码就又给挂断了。在此之后一直到天亮，女孩都没再接到男孩的电话，自然也生了一肚子的气。

第二天，女孩接到男孩母亲的电话，电话那边声泪俱下，说男孩昨晚出了车祸，警方说是车速过快导致刹车不及时，撞到了一辆坏在半路的大货车上。救护车到的时候，人已经不行了。女孩心痛得哭不出来，可是再后悔也没有用了。她只能从点滴的回忆中来怀念男孩带给她的欢乐和幸福。

女孩强忍悲痛来到了事故车停车场，她想看看男孩待过的最后的地方，车已经被撞得完全不成样子，方向盘上，仪表盘上，还沾有男孩的血迹。男孩的母亲把男孩当时身上的遗物给了女孩，钱包，手表，还有那部沾满了男孩鲜血的手机。女孩翻开钱包，里面有她的照片，血渍浸透了大半张。当女孩拿起男孩的手表的时候，赫然发现，手表的指针停在 12 点 35 分附近。女孩瞬间明白了，男孩在出事后还用最后一丝力气给她打电话，而她自己却因为还在赌气没有接。男孩再也没有力气去拨第二遍电话了，他带着对女孩的无限眷恋和内疚走了。

女孩永远不知道，男孩想和她说的最后一句话是什么。女孩也明白，不会再有人会比这个男孩更爱她了！

不管女孩怎么后悔也无法改变既成的事实。这样的悲剧谁都不愿意发生，如果女孩当初不那么意气用事，或许就可以避免这样的结局。

再看看我们周围，80 后的小夫妻离婚的情况已经是屡见不鲜，其中也有不少是因为一时冲动才会给彼此造成了难以抹去的伤害。因冲动而结婚的有之，因意气用事而离婚的有之。曾经有人总结说："恋爱时，男人说的话对女人来说是一言九鼎；结婚后，女人对男人说的话是一言九'顶'。恋爱时，男人就像块上足了发条的表，围着女人不停地转；结婚后，女人就像座钟，围着男人每隔一小时就撞得当当响。恋爱时，男人和女人是天涯若比邻；结婚后，男人和女人却比邻若天涯了……"虽然说这种婚前婚后的变化，的确成了男女双方矛盾增加的因素之一，但是很多年轻人在不懂感情的时候毅然踏进了婚姻的门槛，在婚姻出现问题的时候，不是相互探讨找出一个合理的解决方案，而是一味地埋怨对方，甚至因为一点小事，就大吵大闹，在遇到这些问题和麻烦时，无法保持冷静，动辄喊出离婚。要知道，因为你的意气用事而酿下的苦果最终还是需要你独自品尝。

在对待感情婚姻的时候，意气用事带给你的或许永远都是悔恨和伤心。

一个人要时刻保持清醒、不犯迷糊是一件很难的事情。与其因为意气用事或者是抵挡不住各种诱惑发生悲剧，追悔莫及，不如在平时就注意控制自己的情绪，用理智来引导自己，而不是凭意气用事。

人生在世，没有绝对的公平。有的人会因为对爱人的不满而大动肝火，情绪激愤难以抑制。人在冲动时候处理问题的方式与心平气和地去处理出现的结果是大不相同的。要学会控制自己的情绪，但不是让你压抑自己、委屈自己，而是要努力提高自己的修养，善于谅解恋人的过错，这样心胸自会开阔，不会因为一些小事而耿耿于怀，这样就很容易避免因意气用事而造成不可挽回的局面了。

彻头彻尾地爱一回，为回忆增添色彩

人的一生，就像是一趟旅行，每个人都坐在时间的列车上，自起点行驶，却永远无法预知会在哪一站停留。或许因为人生之途太过短暂，上苍安排了一对对男女美丽地邂逅，幸福地牵手……

"执子之手，与子偕老"，是每个人心中不老的神话。

在岁月的长河中，我们是何等的渺小和柔弱，每一个人都应该懂得珍惜，即使不能在这条河流中留下自己浓墨重彩的一笔，至少我们能怀揣真爱，与自己相亲相爱的人相扶走完一程，当我们到达终点后，便不会有太多遗憾了。哪怕，只是彻彻底底地那么真爱过一次，此生便无遗憾。

一个男子所钟爱的女子嫁人了，而新郎不是他，他伤心欲绝，很恨自己的所作所为，想一死了之。断崖上有一个寺庙名曰白云，在男子跳下去的一刹那，白云寺的方丈拉住了他。

"施主，"方丈掌心合十轻轻地说，"你想不想随我来，看一些东西你再跳也不迟。"

男子疑惑地随他走进了禅房，方丈拿出一个钵，用袖子随意地拂了一下，男子探过头去，他发现钵里是另外一个世界：一个女子赤身裸体僵死在路旁，过往的行人要么掩鼻而过，要么只是轻轻地摇一下头，但没有人停下来。过了一会儿，一个进京赶考的书生路过这里，他实在不忍心看到女子赤着身任人观望，迟疑了一下，便脱下了自己的外套盖在了女子的身上才转身离去。又过了一些日子，另外一个好心的过路人，募集了一些银子买了一口棺材，埋葬了女子。

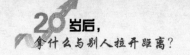

钵里的画面至此渐渐隐去了。男子还是不解。

"施主，"老方丈摇了一下头说，"这就是你的前世今生啊。路边躺着的女子，是你今生所钟爱的人，你，是第一个路人，那个赶考的书生。而娶她的，是第二个埋葬她的人。你与她有缘，因为她要还你前生的一衣之恩，所以她今生要陪你走过这一程，可她最终是要离去，因为她今生需要以身报答的，却是那个前世埋葬她的人。那么，你还要跳吗？"

方丈闭口不再多言，转身离去。男子彻悟。

我们没有办法得知究竟谁是和我们有一衣之恩的人，谁又是埋葬或者被我们埋葬的人，也无须去探讨爱究竟有没有前世今生的问题，然而对于上苍赐予的每一段情缘都值得我们去珍惜。

"百年修得同船渡，千年修得共枕眠"，懂得珍惜和感恩，在能爱的时候尽情去爱，握住那双手，不要在茫茫红尘中丢了彼此，就这样一直走到天荒，走到地老，如此一生，就不会再有遗憾和怨恨。

珍惜你所拥有的，即便哪一天不幸失去，至少还有回忆可以温暖你，至少你不会纠结于自己过去的种种过错，因为当时当地，你已经将自己完完全全地交给了爱！纵使爱已成往事，情也早已错过，只剩一地阑珊，又何妨？

"爱"，是一个伟大而永恒的话题，人类的笔触永远都无法写尽它的美丽和光芒。

《泰坦尼克号》中一位画家和一个富家小姐的不羁之恋，唤醒了我们对爱情的超价值思考。爱情可以战胜一切，身份、财富甚至生死。那份悲壮每个人都刻骨铭心。战争中的《魂断蓝桥》缠绵悱恻，造化弄人，给整个爱情披上了悲剧的色彩。更有超越界限，跨越阴阳的人鬼之恋，无不让观众为之动容。基耶斯洛夫斯基《关于爱情的短片》，一个青年学生通过望远镜"偷窥"一个女画家的生活，并爱上了她，试图接近她，但是遭到拒绝，她对生活中突然闯入的这个不速之客是倦怠的没有信心的，她早已不再相信所谓的爱情。在感到自己受到她的羞辱之后他割腕自杀，想结束自己的生命。而她因为深感负罪前来请求得到原谅时，通过他"偷窥"的望远镜，她看到在自己厌倦、沮丧、绝望地啜泣时是他走过来安慰她，这在现实中没有出现的一幕让她热泪盈眶。这种爱的绝望和无能为力又鼓励着我们尝试着去爱一个人。无论如何，即使因为爱而不免带来的伤害，都不足以使人们放弃爱与被爱的渴望，因为爱，同时又是拯救与赎罪的希望和力量。

还有弱小的简·爱，在伤心失望之时对罗切斯特先生坚定地说出："你以为，因为我穷、低微、不美、矮小，我就没有灵魂没有心吗？你想错了！我的灵魂跟你的一样，我的心也跟你的完全一样！要是上帝赐予我财富和美貌，我就要让你感到难以离开我，就像我现在难以离开你一样。我现在跟你说话，并不是通过习俗、惯例，甚至不是通过凡人的肉体，而是我的精神在同你的精神谈话；就仿佛我们两人穿过坟墓、站在上帝脚下，彼此平等——本来就如此！"

如果说影视和文学作品的爱对我们来讲是惊世骇俗，遥不可及的，但是这一切都是来源于生活，都是人们美好理想和渴望的真实写照，它无时无刻不在照射着我们现实的生活。

难得两人相互倾心，就要大胆地追求自己的幸福，勇敢地去爱，走进彼此的内心，你的生活也会因此而变得更加多姿多彩。在想爱的时候就尽情去爱吧，没必要在乎世俗的眼光，只有爱过的人，才会更懂爱，让自己彻头彻尾地爱一回，让回忆不再空白。

纵然时间像一把无情刻刀，改变了你我模样，但是当初那份刻骨铭心的爱，却会因为时间的流逝而日渐清晰，不管曾经是苦是甜，却永远都会是最美好最纯真，值得一辈子回忆的珍藏。

永葆活力的健康力
——别等到花钱买健康时 才意识到生命可贵

身体是革命的本钱,这句老生常谈的话,却是永恒的真理。心有余而力不足,这个力不但适用于能力,同样也适用于体力。爱护自己的身体,就像是擦拭一台崭新而心爱的机器一样,年轻的时候不要透支健康,因为健康本身就是一笔巨大的资产。

放慢节奏，不当"工作狂"

人们崇尚快节奏，工作讲求速度，走路要飞快，吃饭喜欢快餐，就连两性交往也经常出现"闪婚""闪离"式的速食交往……

在如今这样一个信息社会中，人们的生活节奏在不断加快，每个人的工作生活都受着时间的束缚，长期处于一种超负荷的运转和亚健康状态，从而严重地损害了身心健康。

一个理智的人，是不会为了工作和事业而长期透支健康的，他们懂得如何掌握生命中的每一分钟，懂得适时让自己停顿下来，稍事休息，而不是毫无理智地去呕心沥血、夜以继日、日理万机。因为他们知道，只有学会休息，才能更好地去工作。

在第二次世界大战期间，英国的首相丘吉尔已经是年过花甲的老人，但是，他却能够每天精力充沛地工作到 16 个小时以上，那些年轻的助手却做不到和他一样。丘吉尔在 5 年之间，每天都忙于内政外交，如果是一般人肯定会疲惫不堪的，但是丘吉尔的神态上从来就没有出现过疲惫。有人询问他的秘诀何在，他总是笑而不答，其实他也没有什么秘诀可言，只不过是注重休息罢了。每天早晨 8 点起床，工作到上午 11 点，听报告，看文件，口述命令，签发公文，打电话，出席重要会议等。无论多忙，在吃过午饭之后都要躺在床上休息一个小时，到了晚上 8 点之前，即使是女王驾到，也要雷打不动地在床上休息两个小时。丘吉尔并不是要消除疲劳，因为他根本不需要消除，因为他已经做好了事先的防范。因为他懂得休息，懂得适时地给自己放假，所以能够精力充沛地工作到后半夜。

伟大的革命家列宁有一句名言："不会休息的人就不会工作。"因此,学会休息才能更好地工作。中国近代著名的幽默大师林语堂曾经说过："地球上只有人拼命工作,其他的动物都是在生活。动物只有在肚子饿了才出动寻找食物,吃饱了就休息,人吃饱了之后又埋头工作。动物囤积东西是为了过冬,人囤积东西则是为了自己的贪婪,这是违反自然的现象。"

这是一个讲究速度的时代,我们周围的世界无时无刻不在发生着剧烈的变化,或许也就是在你一眨眼工夫,眼前就出现了翻天覆地的改变。每个人力求争分夺秒地为生活为自己想要的东西奔忙着。

我们习惯了快所带来的乐趣,我们在享受快带给我们的收获的同时,心灵深处的那份安宁也在渐行渐远,一旦离开了这种状态,骤然间就会觉得无所适从。因为长久以来的飞速运转已经让我们的脚步无法正常地停下来。

很多人在 20 岁的时候,或许正是刚刚离开学校走向社会的关键时刻,为了实现人生价值,为了心中所追求的理想而拼命地工作,把大量的时间花在了努力奋斗拼搏上,把生命的发条绷得紧紧的,唯恐因为短暂的放松而错过了机会。

如此忙碌地工作让刚进入职场的年轻人,心力交瘁。要知道,职场永远比不了学校生活的轻松舒适。在当今这个社会,竞争也一天比一天激烈,工作固然重要,然而懂得劳逸结合的结果则永远会是利大于弊的。

对于每个正常的人来说,都不可能不会不知疲倦,都希望在工作完了之后可以放慢生活的脚步,享受一下人生的乐趣。因此,这就要求我们在工作的时间尽量将当天的事情做完做好,在下班后才没有任何牵绊,才能痛痛快快地去放松,充分享受户外的空气,约几个好友去打球或者唱歌,让自己紧张一天的大脑一下子松下来,整个人也会快乐不少,这才是最理想化的劳逸结合。

不少人崇尚工作至上,经常会听说某某在办公室挑灯夜战,甚至是连休假的时间也用在了工作上,这样的态度值得我们每个人学习,但是很多时候并不

是工作得多就能收获得多，表彰和加薪与你工作时间和工作强度不一定成正比，最终是要看工作效率的。

过度工作很可能会降低你的工作效率、消磨你的创造力，甚至对你与家人和朋友的关系产生负面影响。别误会，有激情有梦想是上天赐予你的礼物，为自己热爱的事业而努力更不会是一种过错。但是，休息也很重要。

为了避免因空虚导致的无聊，我们习惯把每天的生活安排得满满当当，日复一日，年复一年，我们就这样在形色匆匆中走过了十几年、几十年。我们甚至变得越来越忙，越来越没有时间，脚步也不由自主地越来越快。当夜深人静之时，叩问一下自己的心门，你得到了别人不曾拥有的成功和荣耀，可是你过得幸福吗?你领略幸福的真谛了吗?

学会放慢脚步，不当工作狂。生命是有限的，不能过于看重结果，过程和细节也更值得珍惜的，一时的出色并不能代表永远的出色。放慢生活的节奏，松一松生命之钟的发条，留下时间对自己工作、生活进行反思，从中得到教益和提升，善于寻找自己的弱点，才能让自己更成熟，使以后的工作、生活更精彩，更美好!

在这个物欲横流的社会中，人们为名利奔走，被贪婪和欲望迷惑。过快的脚步，让不少人因为怀才不遇而怨天尤人，还有一些人，光鲜成功的背后，被烦琐杂事缠身，无法享受片刻的安宁。

因此，"工作狂"们要懂得放慢自己的脚步，合理地安排自己的时间，争取在有限的时间内完成有效的工作。这里有几条可供参考的建议，或许对那些不愿意当工作狂的人们一些帮助。

1.设定明确的工作时间

保持固定的工作时间。例如，如果你的工作时间是朝九晚五，就一定要在5点以前离开办公室，不要待到很晚。

2.保证充足的睡眠

"如果你遇到某些人行为如同痴呆，那他很有可能饱受缺觉之苦。"

为了一个项目工作到深夜,还要在早上 5 点起床去办公室,这可不是什么高招。不睡觉会导致创造力缺失,士气低迷和易怒等症状。所以,努力工作不如聪明工作。

3.远离网络

工作不是一定需要互联网才能完成。离开显示器和手机,你往往会遇到很神奇的事情。大多数的妙计灵感都来源于洗澡、散步、做饭和不工作的时候。

每个人都有创造力,那些奇思妙想总是在不经意间涌入脑海。但是有了想法不代表必须马上实施。保证日记随身,你就可以随时记录下你的想法,然后好好享受假期。

4.亲近自然

亲近自然是减轻压力、远离平日的烦恼与工作的好方法。在日常生活中留出一点时间来出去走走。例如,每天散步半小时,留心周围的事物。不要总是那么匆忙,试着慢下来,试着尝试理解自己内心的想法,去领略周遭自然的美好。

5.腾出时间来陪陪朋友、家人和同伴

如果你太过投入工作,就很有可能会牺牲与朋友、家人和伴侣相处的时间。做你热爱的工作固然重要,但是爱你的人也同样重要。考虑一下如何分配时间,还有什么才是你生命中最重要的。当你陪在家人、朋友和你的终身伴侣身边时,一定要真心实意。努力地全身心投入。例如,当你和朋友聊天时,请认真倾听,保持参与并适时提问。

6.注重食物品质

过度工作的一个不良影响就是在外面吃一些垃圾食品。真正意义上的食物包括水果、蔬菜和全麦类食品。所以,上班前的头天晚上或者当天早上,你可以花点时间给自己准备一份营养的早餐和午餐。

最重要的是,不要一边工作一边吃东西。好好地品尝你的食物,每一口都是享受。研究表明:吃饭过快更容易导致过饱和长肉。

7.培养一种爱好

培养一种爱好,最好是跟你每天工作无关的爱好。先集思广益,再逐个攻破。例如,你可以从跑步、散步、编织、读小说或者写作开始。爱好应该是那些能给你带来欢乐,使你沉迷其中,找寻到真实自己的东西。

8.关注自己的身体

工作过度的你会发觉你正变得疲惫、暴躁和冷淡。

所有以上症状都是你应该减缓节奏的征兆。倾听自己身体的声音很有必要。通过对自己身体的倾听你会觉察何时自己身体有恙,需要更多休息。

9.经常询问自己的目标与生活目的

重新评估你的目标、生活的目的和行为非常重要。例如,如果你经常在办公室熬夜,因为工作或者着迷于查看邮件而破坏了你的私人关系的话,请问问你自己:我为什么这么做?最终目标是什么?我的表现正常吗,健康吗?

10.不断培养健康习惯

培养健康习惯不是一天两天的事情。每天改变一点点,长期下来发生巨大的改变。例如,与其每隔5分钟就去查看邮件,不如每天查看3次。

同样,把每天的小改变融入你的日常工作中,比如每天锻炼半小时,自己准备饭菜和花些时间陪着朋友与家人。

11.亲近他人,平衡工作与生活

如果你自认为是工作狂,跟别人打成一片吧。与朋友、家人多联系,同时把治疗当成一种选择。如果你认为这大大地影响了你的生活,那就做点什么来解决这个问题。我们只有一次生命,所以,好好享受,多多保重。

年轻的身体同样需要运动

人在年轻的时候，总是认为自己身强体壮，不需要运动或者锻炼，这就好像人在健康的时候不会想到会生病一样的愚蠢。当拥有的时候不知道珍惜，等失去的时候才发现它对自己有多么重要。

生命的意义在于运动。流水不腐，户枢不蠹。

喜爱运动的生命才会有璀璨的人生，喜爱运动的青春才会有灿烂的激情和活跃的气息。

古希腊著名的医生希波克拉底说过："阳光、空气、水和运动，是生命和健康的源泉。"这句话被传诵了 2500 多年，成为很多人的共识。这句话的意思就是说，假如你想得到健康的话，不仅仅需要阳光和空气这些自然的东西，同时还要重视运动。

医学家们经过反复的研究证明，通过体育锻炼可以提高人类的寿命，改善生活的质量，预防各种疾病，调整神经系统。更为重要的是，喜欢运动的人，能够让外表和功能都处于一个比较良好的状态，在性格上也会比较开朗，对生活能够充满信心。18 世纪一位法国医生这样说："运动可以代替药物，但没有一样药物可以代替运动。"有一位叫怀特的博士也说"运动是最好的安定剂"。我们从中不难看出，运动对于人生的重要性。因此，年轻的朋友，一定要利用好现在的时间，在繁忙的工作中抽出时间来进行体育锻炼，并且坚持下去。

曾经有人对新疆百岁的老人做过一个调查，在和这些老人的谈话中发现，他们之中终生从事体力劳动的人占到了 98.5% 的比例。这些百岁老人，并没有什么长寿的秘诀，只不过是长期从事体力劳动罢了。他们之中的大部分人都从青少年时期就开始进行体力劳动，并且一直坚持到百岁高龄。有些人因为年纪大了，干不了太重的活，就做一些力所能及的家务活，或者是经常散步。因此，这些人在百岁之后，仍然是耳聪目明，精神矍铄，神采奕奕。

102岁的维吾尔族老人毛拉提·帕里塔，年轻的时候做过小商人，经常徒步行走于天山南北之间，到了后来一直在家乡务农种瓜，现在虽然年纪大了，但是健康情况依然良好，经常推着推车去集市上卖瓜。还有一位叫热合·吉买提的百岁老人，从11岁开始就从事种地、养牛、放羊的劳动，一直坚持到90多岁。现在他已经104岁了，除了牙齿缺少3颗、视力稍差之外，身体没有什么毛病，饮食正常、行动方便，每天都坚持走很长的一段路来锻炼身体。106岁的柯尔克孜族老人阿依木汗·天合尔·白来的，从15岁起就一直在山区牧羊和搞家务劳动，现在除了有些轻微的胃病之外，并没有什么不便之处。饮食正常、记忆力非常好、生活能够自理，做家务活也从来不用麻烦别人。

可见，年轻时候的运动和锻炼是对未来健康的储蓄。

在生活中，我们经常见到有一些人为了健康而花费大量的金钱去购买昂贵的药品，补充身体的能量，借以换来健康长寿。其实，他们的这些做法根本就起不到多少实质性的作用，再多的金钱也未必能够换回健康的体魄。只有坚持体育锻炼，才会达到健康长寿的目的。

我们处在一个高度繁荣的社会中，人们的生活条件越来越好，但是有很多人的身体状况却越来越差，身体上出现了这样那样的毛病，这是因为他们忽视了体育锻炼所导致的结果。当然，绝大部分人都知道身体的重要性，但是他们却很少去锻炼身体。他们经常说"我没有时间去参加体育锻炼，因为我还有很多工作要做"。工作多，任务重要并不是理由，我们应该知道，如果失去了健康，任何工作也都无法完成。因此，无论是为了工作还是为了生命，我们必须加强体育锻炼。将手头的事情暂时放一放，抽出点时间去打打球、跑跑步，这样的话，就能拥有一副好的体格。有了健康的体格之后，才能以饱满的精神和昂扬的斗志投入到工作当中去。

有些青年人总认为自己还年轻,抵抗能力较强,没有必要花费时间去进行体育锻炼。如果拥有这样的想法,就大错特错了。花朵如果不经常浇水的话,就要枯萎,而一个健康的身体如果不懂得锻炼,就会变得越来越虚弱。如果我们因为自己的年轻而觉得有恃无恐,那么将来就可能在病床上度过,终日和药物为伍。到时候,后悔也来不及了。因此,年轻人千万不要以为此刻你处于健康中就拿各样的借口去搪塞运动的必要性。身体是革命的本钱,拥有健康的身体是一种福气,而将这种福气延续下去就需要运动来保障。

养成良好的生活习惯

很多人觉得,年轻就是资本,多做一点事没有什么大不了的。诚然,年轻的身躯是充满活力光芒四射的,但是如果不懂得去珍惜健康,就会加速身体的折旧,也会给事业造成莫大的损失。我们不要以为自己年轻就有恃无恐,更不能因为年轻而虐待身体。

一个年轻人,如果不懂得善待自己,就很可能摧残强壮的躯体,葬送体力和心力上的资本。他无异于将自己成功的资本抛在大海之中,哪怕他有着远大的志向,最终也会因为失去了奋斗的资本而望洋兴叹、后悔莫及。

二十多岁的年轻人,走上了工作岗位,开始了事业的奋斗,建立了自己的家庭,身上的担子也加重了。为了事业的成功,家庭的幸福,人生价值的体现,很多人开始了努力和拼搏。有不少有志向的年轻人认为"活着就是为了奋斗",为了能够较早地实现人生目标,获得事业成功,得到家庭幸福,会选择一种拼

命的工作方式。他们晚睡早起、饮食无规律，经常为了工作而通宵达旦，长期让自己处在繁重的压力之下，从而透支了身体的健康，造成了未老先衰，体弱多病，最终得不偿失。

二十多岁的年轻人，如果拥有远大的志向，除了积极进取之外，更要懂得爱惜和保护自己的身体，不能让它有丝毫的闪失。假如因为急功近利的性格而忽视了身体所承载的能量，那么就会让我们距离成功更加的遥远。

身体是革命的本钱，健康是头等大事，年轻的朋友们应该学会爱自己。那么，该如何爱自己呢？我们不妨从以下几个方面做起。

1.不可暴饮暴食

暴饮暴食危害多。暴饮暴食后会出现头昏脑涨、精神恍惚、肠胃不适、胸闷气急、腹泻或便秘，严重的，会引起急性胃肠炎，甚至胃出血；大鱼大肉、大量饮酒会使肝胆超负荷运转，肝细胞加快代谢速度，胆汁分泌增加，造成肝功能损害，诱发胆囊炎，使肝炎病人病情加重，还会使胰腺大量分泌，十二指肠内压力增高，诱发急性胰腺炎，重症者可致人非命。研究发现，暴饮暴食后 2 小时，发生心脏病的危险概率增加 4 倍。

2.不抽烟，少喝酒

年轻人走上社会之后会有一些人际交往和应酬活动，抽烟喝酒的事也难免会遇到。我们千万不要为了博取别人的面子而去大量地抽烟，过量地饮酒。香烟里带有许多致癌物质，还有可能带来肺气肿、肝癌等疾病，抽一支烟就等于减少 6 秒钟的生命，因此，一定不能抽烟。或许有人认为，当别人递上香烟的时候，如果不抽的话，是不尊重人的表现，其实，事情远没有那么严重，一个人能否取得别人的信任和好感，取决于个人的魅力，和抽不抽烟是没有任何关系的。少量饮酒能够促进血液循环，但是饮酒过量就会导致肝硬化、肝癌等疾病，我们在饮酒的时候时刻牢记要适量，千万不能贪杯。

3.合理饮食

很多年轻人在饮食上毫无规律，要么在上班期间早餐不吃、午餐应付、晚餐凑合,要么为了应酬而暴饮暴食,这样的话就会对消化系统产生十分不利的影响,从而造成身体能量的大量损耗。这些不科学的现象,应该彻底改变。在一日三餐上,要做到早饭吃饱,午饭吃好,晚饭吃少。在饮食种类上,要少吃油腻及不易消化的食品,多食新鲜蔬菜和水果,如绿豆芽、菠菜、油菜、橘子、苹果等,及时补充维生素、无机盐及微量元素。

4.形成良好的作息规律

有一个哲学家曾经说过:"不和太阳同起的人,是一个不健康的人。"中国人向来对作息规律也十分看重,讲究日出而作,日落而息。二十多岁的年轻人常常不注意这一点,经常到了夜里 12 点还精神旺盛,日上三竿了还卧床不起,这样在工作的时候不仅没有精神,更会给身体带来巨大的伤害。因此,一定要合理地运用时间,形成良好的工作习惯,力争让自己晚 11 点前睡觉,早 7 点时起床。

5.加强体育锻炼

体育锻炼是实现身体健康的重要途径。体育运动不仅能够让血液循环系统运作得更有效率,还能够强化我们的心脏与肺功能,直接地增强肾上腺素的分泌,让整个身体的免疫系统强大起来,在日常生活中,我们一定要注意体育锻炼,多做一些"有氧运动"。例如游泳、跳绳、踩单车、慢跑、急步行走与爬山等。通过体育锻炼,就能促进血液循环,增强身体免疫力,强化骨骼和关节的功能,也能带来心灵上的愉悦。

6.控制情绪

在生活和工作中难免会诱导一些不如意的事情,在这些不能改变的现实面前我们应该学会调整心态,控制情绪。如果经常处在大喜大悲之中,就会给神经系统带来巨大的危害,还会带来心脏病、高血压、肠胃不适等疾病。好的心态才会有好的身体。因此,二十多岁的年轻人应该减少一些血气方刚,多一些成熟老练,凡事看开一些,只有这样才能不让负面情绪给我们的健康带来负面影响。

7.保持宁静

《黄帝内经》上说："古代懂得养生的人，活到百岁而动作不衰，除了回避邪气，劳而不倦等因素之外，尤其重要的是他们思想上安闲，心境安定，没有恐惧，少有奢望。吃得很好，穿得也很随便，乐于习俗，没有地位高低的羡慕，为人朴实，因此不正当的嗜好难以转移他们的视听，淫乱邪说也诱惑不了他们的心意。"无论什么时候，都要保持一种平静的心态，不急不躁，不烦不恼，这样就能够达到养心健身的良好效果。

平衡膳食，吃得不要太任性

俗话话，病从口入。这句话从一定程度上说明了饮食的重要性，要保持健康，就要管好自己的嘴，什么时候吃什么，怎么吃，吃多少都是有讲究的。

前阵子突然听说小语的母亲去世了，这让很多人感到意外，毕竟，五十多岁的人，正是退休准备安享晚年的好时候，怎么能说走就走呢。后来从小语那里知道了事情的真相，她的母亲口比较重，而且非常喜欢吃油腻食品，爱吃肥肉，扣肉、粉蒸肉、红烧肉越肥越好。她每天的三顿饭基本上都离不开咸菜，黄酱、虾酱、咸鱼也是她的最爱。在夏天的时候，她每天至少吃上两顿炸酱面。这样的习惯持续了好多年，由于长年的高盐高油饮食，她的母亲四十多岁的时候血压开始明显升高，还患上了冠心病。本来母亲的身体就属于那种体弱多病型的，再加上这种不科学的饮食习惯，而导致了母亲早逝的悲剧。

其实，由于饮食不合理而损害健康甚至失去生命的事情每天都有发生，这不得不为我们每个人敲响警钟。这就要求我们每个人要合理安排日常饮食，平时应注意以下几点。

1.食物多样,谷类为主

除母乳外,任何一种天然食物都不能提供人体所需的全部营养素,应食用多种食物,使之互补,达到合理营养、促进健康的目的。多种食物应包括5大类,即谷类及薯类、动物性食品、豆类及其制品、蔬菜水果类、纯热能食品。

2.多吃蔬菜、水果和薯类

蔬菜、水果和薯类,对保持心血管健康、增强抗病能力及预防某些癌症,起着非常重要的作用。应尽量选用红、黄、绿等颜色较深的,但水果不能完全代替蔬菜。

3.常吃奶类、豆类或其制品

奶类是天然钙质的极好来源,不仅含量高,且吸收利用率也高,膳食中充足的钙可提高儿童、青少年的骨密度,延缓骨质疏松发生的年龄;减慢中老年人骨质丢失的速度。豆类含丰富的优质蛋白、不饱和脂肪酸、钙、维生素及植物化学物。

4.常吃适量鱼、禽、蛋、瘦肉,少吃肥肉和荤油

肥肉和荤油摄入过多是肥胖、高脂血症的危险因素。猪肉是我国人民的主要肉食,猪肉的脂肪含量远远高于鸡、鱼、兔、牛肉等,应减少吃猪肉的比例,增加禽肉类的摄入量。

5.食量与体力活动平衡,保持适宜体重

要保证能量入与出的平衡,维持适宜体重。

6.少吃油、盐、酒,饮食宜清淡

即膳食不要太油、太咸。正常成人每日烹调用油不应超过25克(半两),食盐6克。高度白酒除了能供给能量外,不含营养素,长期饮酒可导致食欲下降,食物摄入减少,以至于导致营养素的缺乏。饮高度酒还容易伤肝、伤胃,还可能加重动脉硬化,损害神经系统。

除了从食物本身下手以外,还应注意一些饮食习惯。

1.吃饭宜细嚼慢咽

咀嚼能反射性地引起胃液、唾液和胰液的分泌,为食物消化提供了有利条件。同时,细嚼还可使食物磨碎成小块,并与唾液充分混合,以便吞咽。吃饭定时定量,能使胃肠道有规律地蠕动和休息,从而增加食物消化吸收率,减少胃肠疾病的发生。

2.少吃多餐

少量进食,血液中的糖浓度就低,胆固醇的水平就降低,身体分泌的胰岛素就少,体内脂肪也会减少。节制饮食不仅能减轻胃肠负担,而且肌体植物神经、内分泌和免疫系统受到一种良性刺激,可以调动人体本身的调节功能,使神经系统兴奋与抑制趋向于平衡,内循环均衡稳定,免疫力增强,有利于提高人的抗病能力。

3.站着吃饭最科学

医学家对用餐姿势进行研究后发现,站立位最科学,下蹲位最不科学。这是因为吃饭时,恰恰是胃最需要新鲜血液的时候。下蹲使腿部和腹部受压,血液受阻,回心血量减少,进而影响胃的血液供应,某些胃病就与下蹲式就餐姿势有关。

4.吃饭时适当说话也可促消化

传统习惯认为,吃饭时不宜说说笑笑,否则对消化吸收不利。而现在一些保健专家则认为,吃一顿午饭用 30 分钟左右为宜,在此时间里边吃边说,不仅可以使一起进餐者互相交流感情,解除烦恼,还能使肠胃正常地消化食物。其原因是,愉快的心情不仅能增进食欲,还可兴奋中枢神经,从而促进消化液大量分泌,使胃肠处于最佳消化状态。

5.不同时间吃不同食物

科学家将食物分为日间食物与夜间食物两大类。日间食物最适合在上午 6 点至下午 3 点半之间食用。日间食物主要有牛肉、羊肉、西红柿、胡萝卜、柑橘类、青豌豆等,含有氧气,并且富含太阳能。夜间食物有苹果、香蕉、梨、土豆、黄瓜、干果、乳制品、鱼、蛋等,富含二氧化碳等能量。这些食物最好安排在下午3点半以后再吃,不仅有助于减肥,对健康也有一定好处。

6.要注意进食讲顺序

就餐最好按照这样的顺序进行:汤→蔬菜→米饭→肉类→半小时后再吃水果。食用藻类、鱿鱼、龙虾等富含蛋白质与矿物质的海味,切忌同食水果,特别是柿子、石榴、柠檬、葡萄、杨梅、酸柚等。须将食用水果的时间延后2~3小时。因为这些水果中鞣酸较多,不仅会降低蛋白质的营养价值,而且易与海味中的钙、铁等结合,不仅不易消化,还可能刺激胃肠,引起恶心、呕吐、腹痛等症状。

7.追求营养品质,但不要挑食

在菜市场购买食物和蔬菜时,尽可能不要选择那些显得非常鲜艳和个头过大的食物。同时,不宜食入高度加工和精致处理过的食物,如氢化过的油脂、包装精致的食品、通心面、意大利面、果酱、饼干和罐装果汁、酒、汽水等。这些食物只会占据胃的空间而营养却很少。但也不能因为自己的喜好而让自己变成一个挑食者,这只会让你因为营养不均而使健康受到损害。

拿健康换金钱是得不偿失的行为

不管金银天然不是货币,还是货币天然是金银,从古到今,货币的发展经历了好多个不同的阶段。货币的产生,最初的目的是为了利于人们进行商品的交换,而如今,我们所熟知的"钱",作为一种货币符号,一个人所拥有钱的多少,从一定程度上说明了一个人的地位和能力,它成了财富的象征。

"人类家园"国际组织创始人富勒在创业之初,也曾有过一段难忘的岁月。那

个时候，他从零开始积攒自己创业的资本。不管期间遇到什么困难，他都咬牙忍着，因为内心有梦想支撑着。到了30岁的时候，富勒终于赚到了百万美元。但是他的野心也更大了，一心想着有朝一日能走进千万富翁的行列。并且他始终坚信自己有能力做到。

为了这个目标，他不辞劳苦地工作着，脑子中只有一个不达目的不罢休的念头！正如他所想的那样，他的财富在急遽地增加。可是，过了一段时间，他感觉到胸口时常一阵阵地疼痛，而且妻子和两个孩子似乎也和自己越来越陌生。尤其是他的妻子受不了他对家人的态度，忍无可忍打算和他离婚。忽然有一天，富勒因为突发心脏病而晕倒在了办公室。这个时候，他开始意识到自己对财富的追求已经耗费了所有他真正珍惜的东西。

好在富勒能够悬崖勒马，最终挽救了自己和家庭。他还为此改变了自己的理想，那就是为1000万人甚至更多的人建设家园。

执著的追求是一个人优秀的标志，但是执著并不代表着不懂得去珍惜生命呵护健康。那些孜孜以求、心无旁骛的成语也并没有要求我们用生命的代价去换回工作的进步、事业的成功。身体就像一台发动机，只有保持散热和加油才能够运转的时间更长，取得的成效更大。

工作的成绩代表着一个人所取得的成就，很多人为了实现梦想而拼命地工作。但是，我们应该明白工作和健康之间的关系：健康是"1"，而职位和业绩只不过是"0"罢了。有了"1"的存在，那些"0"才会越多越好，如果"1"没有了，再多的"0"也都失去了存在的价值。

精明能干的女设计师海伦，在工作中的精打细算赢得了同行们的敬佩。后来，她开了一家设计公司，为了能够获取最大空间的利润，她掌握了公司里所有的财务，恨不得一分钱都要掰成八瓣花。由于操心过度，有很多次从办公桌前站起来的时候，她总感觉头晕目眩，朋友们劝她去看一下医生，休息一下，都被她拒绝了。终于在她24岁的时候，因为过度劳累，她患上了蜂窝性组织炎。海伦不得不停下手头的工作，终日与各种药品为伍。医生警告她说，如果还要和以前一样不分昼夜工作的话,她的生命很快就要走到尽头了。海伦原本计划45 岁的时候提前退休,移民到法国南部的农庄,做一个红酒商人的。令她想不到的是,她的健康过早地消失,失去了健康的资本,一切的美好愿望都变成了泡影,当初省吃俭用节省下来的钱财,不得不大量地投入到维护那具伤痕累累的身体当中,想到这些,海伦就后悔莫及。

很多人总喜欢用先苦后甜来麻醉和安慰自己,其实那不过是一个美丽的谎言罢了。一个在工作中近乎疯狂地虐待自己的人,无异于在自杀,往往会在尚未成功之前就让自己的身体受到摧残甚至毁灭,他们的苦难,最终也无法换回预想中的快乐。

20 岁,正是精力体力旺盛的时候,但也请记住"不值得为工作而玩命"这句话。当你早晨醒来感觉头脑中还残存着迷糊的时候,当你刚刚在楼梯上走了几个台阶就气喘吁吁的时候,你就没有必要再去为了所谓的工作和事业去玩命拼搏了,而是要停顿下来,让那颗疲惫不堪的心去得到一个休息的机会,等到复原之后,再精神饱满地回到工作岗位上来。只有懂得休息,才能让你过得更好、更快乐,取得更大的工作成就。

记得这样一个故事,有个人为了成为富翁,拼命地赚钱,当然他最终也实现了这个愿望。他用透支健康的代价换取了无数的金钱,每天的生活内容就是为赚钱而赚钱,爱情、亲情、友情都得为他的金钱开路。嫌第一个老婆对他的事业没有帮助,离了。第二个老婆跟了他 25 年,是他事业的助推器,生活的好伴侣,典型的贤妻良母,可婚姻危机还是发生了,在美国的女儿曾苦苦哀求他不要抛弃妈妈,可他为了一个年轻女子最终做出了绝情的事,妻子伤心欲绝,跟随女儿去了美国。新妻时尚,爱赶新潮,短暂的新鲜之后,新妻嫌他年老体衰,不能满足她旺盛的欲求,不到一年就卷款和情人出国弃他而去。偏偏这时,他发现自己得了糖尿病,还有肾炎,高血压,等等,公司也危机重重,险些破产。面临众叛亲离、疾病缠身、事业不顺等一连串的打击,他对红尘生出绝望之心,终于在一个月黑风高之夜,自缢而亡。千万富翁选择以这样悲惨的方式结束生

命,真是令人扼腕叹息!

金钱与健康,到底谁更重要?想必每个人都各有体会,没钱的时候,日子的确寸步难行,可是有了一定的经济基础之后,如果还拼命追逐钱财,甚至不惜透支生命与健康,那就请想想,是不是得了金钱饥渴症?钱与健康,钱与生命,到底谁更重要!

为了事业,我们不停地打拼,面对现实,对人生进行更深层次的思考,健康与金钱似乎毫不相干,其实不然,健康是所有的先决条件之一,把健康比作数字"1",把金钱比作数字"0",后面的数字再多,保证不了前面的数字"1"也白费力气。现在,我们都该好好想想,今后该怎么善待自己,该怎么协调事业,寻找财富与生命之间的平衡。

拥有金钱,可以让我们生活得更好,可以满足我们对于物质的渴求,但不一定能填补空虚的灵魂,荷兰有个谚语如是说:钱可以买到房子,但买不到家庭。钱可以买到钟表,但买不到时间。钱可以买到床,但买不到睡眠。钱可以买到书,但买不到知识。钱可以买到医疗服务,但买不到健康。钱可以买到地位,但买不到尊重。钱可以买到性,但买不到爱。钱可以买到血液,但买不到生命……

的确,金钱可以买到的东西真的很多很多,但是如若为了它,而不顾自己的健康甚至不惜搭上自己的性命,则是愚蠢的举动和悲哀的生活方式。

紧张抑郁的时候，学会放松自己

没有人愿意拒绝快乐，但也有不少人无法摆脱抑郁紧张而煎熬地生活着、挣扎着，甚至无法承受其带来的痛苦而走上不归之路。

因为精神抑郁而失去生命的名人不在少数。那么对于普通人来说，精神上的紧张也是难免的现象。年轻人在工作和生活中难免会遇到一些不顺心，也难免会感到苦闷和压抑，但是若长期陷在痛苦之中无法自拔，不及时改变这种心态，就会危及到自己的健康甚至生命。抑郁的情绪是健康的致命的毒药，会给心灵带来巨大的创伤，也会使身体状况每况愈下。

生活中出现一些不如意的事情是在所难免的现象，我们没有理由去愁眉不展，长吁短叹，折磨自己的心情，虐待个人的身体。我们要想拥有健康的身体，就应该有一个健康的心态，让生活多一些阳光和喜悦，少一些阴暗和悲伤。如果让心情处在抑郁的状态之下，无形之中就会加重心灵的负荷，无法让身心回归自然。当遇到不愉快的时候，我们就应该学会给自己的心灵减负，尽量地避免那些不愉快的情绪出现，从而呵护我们的心灵，维护好我们的健康。

20岁的年轻人，正处于生命的旺盛阶段，千万不可让抑郁成为自己健康的杀手。

乐观的人看见半瓶水说："真好，还有半瓶呢。"悲观的人看见了则说："真倒霉，就剩半瓶了。"这或许不能作为抑郁症的解释，但事实上，抑郁症的症状正包括情绪低落、忧愁伤感、悲观绝望，像一种细菌，蔓延开来，吞噬了心灵，严重者会引发自杀倾向。说到底，心病还需心药医，解铃还须系铃人，心结只有自

己才能打开。

人世的苦难很多，你如何对待世界，世界就如何对待你。对有些人来说，这些苦难就像一座桥，过桥之前山重水复疑无路，过桥之后柳暗花明又一村。对另一些人来说，却是一座山，一座看似攀不过的山，其实，这山费点时间和精力是可以攀过去的，这一部分人更容易患上抑郁症。

每个人都多多少少会有紧张和抑郁，但有的人在经过调整之后很快就能重现阳光心态和灿烂笑容，可有的人却迟迟不能走出重重阴影的笼罩，挣脱不掉负面情绪的折磨。曾有人对职场人士做过一个调查，结果显示有七成的人称自己有"抑郁倾向"。

我们身边就有不少这样的例子，小曾，名牌大学毕业后，就职于一家外企公司，从事底层工作。刚毕业时，小曾就给自己定下工作的方向和目标，但在现实面前，那个曾经的"天之骄子"在激烈的竞争中，开始不断碰壁，渐渐地有些力不从心，感觉到自己无法适应这样的环境。他发觉现实的处境和梦想的距离越来越远，做事情也少了当初的激情和力量。小曾在这种情绪的压力下不断失控，沉浸在消极抑郁的情绪中无法自拔。

在实现理想的道路上，要敢于积极面对现实的境况，要明白现实和理想永远不会等距离地出现。精神的紧张、抑郁就先从精神上、从心态上战胜它，才能有效抵制这种不良情绪对我们人生的侵蚀。排解的方法有以下两种。

1.降低期望值，分散注意力

对自己高要求的人，一般达不到目标会很容易焦虑抑郁，首先要学会降低自己的期望值。在给自己规定的目标框架中，重新审查和定位，例如原来要求自己1年晋升到主管、3年晋升到经理，现在可以告诉自己3年达到主管、5年以后晋升经理。在碰壁中，要学会分析碰壁的原因，不要因为曾经是校园的佼佼者，在工作中所做的事情就要求一定就是对的。

另外学会分散自己的注意力，不要将所有的"重心"都寄托于工作之中，学会散步、运动、观察周边的生活喜乐，这样，会从其中体会诸多人生的哲理，抑郁的心情也会慢慢淡化。

2.适时倾诉,改变处世风格

有些刚入职的年轻人由于受不了紧张、压抑的工作环境,而贸然辞职。如果遇到这样的情况,首先反省一下看是不是自身性格的问题,再看看究竟是不是公司氛围的问题。但是一般来讲,公司氛围是大环境,很难改变,因此个人就要学会调节自己的心情,适应周围的环境和氛围。

可以找信赖的人倾诉。倾诉本身就是一种有效的发泄方式。或许当你不可遏制地说出一堆无法应对的现象和问题后,猛然发现原来一切并不是那么难以应付。

或者是改变自己的处世风格。如果让一个人在短时间内改变自己的性格,这是很不容易的,但是你可以用一种主动的姿态去微笑面对别人,并积极地与别的部门进行必要的交流和沟通。

其实,不论是在工作还是生活中,如果出现了紧张抑郁的情绪,缓解的方式都是多种多样的,或许,一段旅途,一次美容 SPA,一场音乐会,一阵子阅读就能让你舒心不少。学会放松自己,以积极的心态迎接生命中的每一天,自然就能抵制或消除种种负面情绪的侵扰。

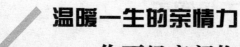

温暖一生的亲情力
——你不经意间伤害的，
往往是最关心自己的人

有句话说，"爱有多深，恨就会有多深"，"爱得越深，伤得越重"。爱情如此，亲情也一样。在旁人看来你的一句无关紧要的话在亲人那里或许会痛上一百倍一千倍，很多时候，我们最容易伤害的往往是那些最关心我们的人。学会对亲人体贴和体谅，对20岁的年轻人是一堂极为重要的人生之课。

孝敬父母等不得明天

生命来自于父母。父母在孕育、养育、教育生命的过程中所付出的精力、心血、忧悲、辛劳，等等，不是世间制造一件工艺品、建造一幢建筑物所能比拟的。

生命是如此来之不易，所以活命、养命、救命之恩是深恩。父母双亲孕育我们成长，从无到有、从小到大、从懵懂无知到通晓事理，长年累月，不辞辛苦，不计报酬，无私奉献，更是劳苦功高，恩重如山。做儿女的又有什么理由不孝敬父母呢？

孝敬父母是中华民族的传统美德，是为人子女者应负的责任和应尽的义务。在中国历史上，从古到今，没有哪个朝代不重视孝道，孔子把"孝"放在一切道德的首位，视为"立身之首""自行之源"。

在父母面前，我们永远都是孩子。父母健在这本身对我们来讲，是一件多么幸福的事啊。可是"树欲静而风不止，子欲孝而亲不待"这两句并不难理解的话，又有几个人能够深谙其中所道出的无奈和辛酸。子欲孝而亲不待的锥心之痛，是无法用言语可以表达的。

小东是在一个普通的农民家庭长大的，父母都是老实本分的农民。家里有两个姐姐，而自己作为家中唯一的男孩，年龄又是最小的，自然就成了父母的心肝宝贝。由于家人的宠爱，小东养成了任性霸道的脾气。稍大一点之后，连父母的谆谆教诲也听不进去半点，更谈不上去很好地理解他们。

为了改善家里的生活，小东的爸爸在农闲的时候就去帮别人开车拉货。有一天，小东刚到教室，就听同学说：你爸爸出事了。那一瞬间，他脑海中翻腾的全是爸爸撞车、翻车的情景。他发疯似地往家跑。一想到血肉模糊的爸爸躺倒在地的情景,他就再也抑制不住内心的悲伤,泪水夺眶而出:爸爸死了,以后再也没有爸爸了。他开始悔恨自己以前的种种不懂事。他边跑边哭,期盼上苍能够让爸爸活过来,给自己一个弥补和报答的机会……

当他两腿发软跑到家里的时候,看到爸爸竟然低着头坐在那里,他不顾一切地扑过去,原来爸爸还活着。后来才知道,原来父亲在开车往回赶的时候,正巧有一个人横穿马路,父亲紧急刹车但是刹车失灵,还没来得及调头,车就已经闯进了旁边的沟里,好在两个人都只是受了轻伤,这才避免了一场让人痛心不已的交通事故。

后来小东毕业、结婚、生子,自己也拥有了一个幸福小家庭,这件过去了很多年的事情却在小东的记忆中挥之不去。在他以为永远失去父亲那一瞬间的点点滴滴,给了他很多很多的感受,那种无法描述的心的破碎感,深深地铭刻在他的心中,同时也给他敲响了一个永远的警钟:父母健在的时候对他来说是何等的幸福。在自己还有机会报答父母的时候要尽力去孝敬他们。

这件事无论是对小东还是小东的家庭都是幸运的。但是这种幸运,不一定每时每刻都会发生,也不一定会降临在每个人的头上。

不要总是等到失去后才知道它的珍贵,不要总是在这种后悔中挥洒自己的泪水,如果当初好好珍惜,就可以少一份遗憾,少一些悲伤和痛苦,可是这个世界上不存在如果,再多的假设也无济于事,为何不在拥有的时候好好去珍惜呢?

父母与子女之间的那种情感是每个人一生中最真挚和最深远的情感,一个人能够在老年的时候与儿女共享天伦也是一种莫大的幸福。然而,随着社会的进步,为了孩子们的生活能够更加美好,为了他们更美的未来,很多父母多少次眼睁睁地看着远走高飞的子女,在一个个节日里默默地擦着眼泪。父母给了孩子最伟大的爱,因为他们把最不舍的东西都舍了,可是子女呢?你们忙碌的脚步何时能够在父母的窗前安静地停留片刻?哪怕什么也不说,只是看一眼

父母熟睡的面庞？

　　世界首富比尔·盖茨说："世界上什么都可以等待，唯有孝顺不能等待。"人生的不幸有很多，失去向亲人表达爱的机会，便是其中最大的不幸。如果有一天我们蓦然发现，父母已两鬓斑白，步履蹒跚，那时才如梦方醒，知道要孝敬他们，你知不知道其实你已经错过了很多孝敬的时机？甚至当双亲已离你远去，你才翻然悔悟，却已尽孝无门，这将成为你终生永远无法弥补的憾事。作为子女，不要总以为父母还年轻，不要总以为以后还有的是孝敬的机会。应该从现在起，当父母健在时，常回家看看，哪怕只是帮父母刷刷碗，陪父母聊聊天，这不管是对他们还是对你自身，都是一种温馨和幸福。

　　孝敬父母等不得明天，父母含辛茹苦将我们拉扯长大成人，自己渐渐地老去，而作为子女的我们却很少考虑花点时间去陪陪他们。或许在你的心中虽然也时刻惦记着二老，但是总是拿工作忙，没有时间为理由，父母理解你支持你的工作，你的成绩也是他们的荣耀和骄傲，但是你连抽身打一个电话的时间也没有吗？

　　不要总是说："等我以后有钱了，等我以后怎么怎么样了，我一定会好好孝敬你们二老的！"请不要再说这样的话，你对父母的孝心不是满车的财富，也不是什么贵重的礼物。父母从来不会对子女提出这样的要求。如果你的父母还健在，那就抓紧时间尽自己的一份孝心吧。

　　你总是有这样那样的理由和借口，或许你可以等，但是你的父母却不一定等得了。当有一天，你觉得可以载着足以耀人的光环回家看望他们的时候，是不是也突然发现他们当初乌黑的头发不知何时下满了银霜，他们曾经那么坚实的臂膀，此刻却在冷风中瑟瑟发抖？听广播的时候，偶然听到了这么一句话："当我们叫一声爸，叫一声妈，并有人回应的时候，我们是多么的幸福！"

懂得自己承担，给亲人一个笑脸

笑脸，是直通人心的药剂，能给人带来安心、温暖和感动。你的笑脸也是一样。亲人们，最希望看到的，就是你的平安快乐，你的笑脸无疑能告诉他们这一点。虽然有时候，心里也有太多的委屈，很多难言的苦，可是，也要尝试着承担、掩饰。否则，他们只会跟着你不开心、焦虑，却于事无补，反倒徒增了更多人的烦恼和担忧。

袁吉考上了北京的一所重点大学，家境贫寒的父母东拼西借之后，终于凑齐了学费，目送儿子上了火车。袁吉揣着口袋里的仅有的 500 块钱上了火车。

这是袁吉两个月的生活费，500 块钱。当袁吉走在校园里看着别的同学穿着时髦的衣服，玩着平板电脑时，袁吉心里不免有些失落。他默默的走进宿舍，宿舍一个人都没有，几个舍友都去唱歌去了。

晚上袁吉给妈妈打了个电话，多想告诉妈妈，让妈妈再给自己寄点钱。可是，当听到妈妈沧桑的声音时，袁吉立马觉得很惭愧。袁吉告诉妈妈，自己在这边生活得很好，这边消费也很低，生活费足够了。

挂掉电话后，袁吉哭了一晚上，一直到第二天早上，一夜未归的舍友敲门时，袁吉才擦干了眼泪。

当天晚上，袁吉去市里找工作了。通过半个月的寻找，袁吉找到了一个高考复习班教师的工作，每天晚上 6 点到 9 点。

就这样，白天袁吉在教室里上课，晚上到培训班任教。培训班任教的工资足可以让袁吉生活得很好。虽然苦点、累点，不过自己过得充实，也为家里减轻不

少的负担。

袁吉将家里给寄得生活费全部存起来，他想，等到过年回家，给妈妈买一件羽绒服，让妈妈过一个温暖的冬天。

生活不会因为你的抱怨，而减少折磨你的不幸。年轻人要有承担苦难的勇气和力量，笑对家人。在你亲近的人面前，有时候掩饰也是一种智慧，是一种让你更加奋力向前的助推器。勇敢地承担起你面前的一切，笑着面对生活中的风风雨雨。

人世间有这么多痛苦，伤心的事每天都有：朋友欺骗了你，家人不理解你，自己心情不好。你怎么可能在这样的环境中生活呢，所以，请你学会快乐，真的很有用。伤心时，就对着镜子笑笑。别把自己看得那么重要，其实别人说的话，做的事，很多都是无意的，只不过你自己想多了，才会觉得别人是针对你，变得不高兴。

给亲人一个笑脸，能让他们在绝境中看到希望，给亲人一个笑脸，本身就是一种生活的艺术。年轻人要学会勇敢承担责任，不要让家人为自己担心。给家人一个笑脸，不能总让亲人为自己操心。给亲人一个笑脸，是对他们最好最有力的安抚。

生活中是有不幸，有苦难，但是只要用一颗坦诚的心去笑对苦难，笑对人生，那么一切都会好起来。人世间总有一些苦难不幸之事，有的人选择放弃希望，向命运低头，以至于人生绝望，昏暗一片；有的人甚至自暴自弃，玩世不恭，永远都不敢正视事实，不愿意打开心结，以至于人生如梦，稀里糊涂；而有的人，选择用笑容面对世界，用坚强去承担摧残。

还记得那位"癌症妈妈"吗？她的青春、她的阳光、她的坚强、她的爱……多少人想要留住她，为她捐款、给她信心。可是，她最终还是离开了我们，然而她在镜头前的乐观和笑脸，是对家人也是对我们所有人最珍贵的激励。"我不能放弃自己"的宣言，是多么坚强的呼声。

苦难是人生的必修课。人的一生不会一帆风顺，在人生的旅途中总会有坎坷，总会有苦难。当然，面对人生的苦难时，人们必须要学会坚强、乐观、豁达。

亲人会原谅你的伤害，但伤害不会自动消除

我们可以对一个陌生人面带微笑，我们可以向一个路人伸出援手，可我们总是在有意或无意中毫不留情地去伤害我们最亲的人。

同样一句不善意的话，同样一件不愉快的事，发生在我们和朋友或同事之间，可能我们不会难过很久，因为没有太深的感情而容易忘却。但是发生在亲人之间，这种悲伤是很难磨灭的，让我们记住这一点，来鞭策我们，控制我们的粗鲁行为！

田丰是学校的高才生，在同学和老师眼里都是品学兼优的好榜样。母亲那双勤劳的手，一直顺利地将他供到了大学毕业。田丰一度成了整条巷子的骄傲，田母也是一提起儿子便笑逐颜开，田丰就是母亲的一切，他的成功失败，喜怒哀乐无不牵动着母亲的心。可以说，为了孩子，再多的苦，她都愿意去承受，再大的困难，她都有勇气去独自面对。

正是谈婚论嫁的年龄，田丰认识了一个家庭条件很好，长得也很漂亮的女孩，两个人可以说是一见钟情。然而女孩的父母知道了田丰的情况之后，根本就不同意两个人的事情。还说什么一个在菜市场以卖菜为生的小贩怎能配得上他们家的丫头，不说要找一个事业有成、家底殷实的男人，至少也得嫁一个门当户对的人。女孩在父母的压力之下，很容易地动摇了当初的决定，情感的天平最终歪向了物质和地位那端。

没想到当初那么骄傲的自己如今却这样轻而易举地被击败了，极度不平衡的田丰颓废地回到家里，好心上前询问的母亲却被他一句话噎得无话可说。

"人家怎么会看上一个卖菜的孩子呢，干什么不好，非得低头哈腰地去卖菜？"声音不大，可字字却像重锤一样敲在了母亲的心头。母亲的脚步明显地摇晃了一下最终还是站定了，年过半百的她，扶着门框慢慢坐了下来，背过脸去，悄悄地抹着眼泪。

田丰意识到自己错了，不该这样说母亲，赶紧上前去跟母亲道歉。或许母亲怎么也不会想到，自己在孩子的心里竟然是这样的。为了他，自己几乎已经付出了全部，包括生命也在所不惜，只要儿子能过得好。她一直坚信，只要靠着自己那双勤劳的手，终会有一天能给儿子一个前程，眼看着当年因为父亲出了车祸而被抛下的母子俩相依为命到今天，并且很快就要有出头之日的时候，却被儿子的一句话重重地击倒了。

母亲心疼地看着儿子，作为他唯一的亲人，她原谅了孩子这句或许只是出于无心而说出的话。

在生活中，我们往往会忽视了和亲人之间的交流方式，不管是说话还是做事，都可以很随意。家是我们每个人的避风港，不管在外面受到了什么委屈什么伤害，只要回到家里，就可以无条件地发泄，并且可以得到世界上最好的治疗方式——亲人之间那份血浓于水的亲情。但是，我们不要忘了，我们在疗伤的同时，千万不能把这份伤害转移到家人身上，不管你是有意还是无心，都要记得提醒自己，你对亲人的伤害比世上其他任何人对他们的伤害都会更为深刻和残酷。亲人会原谅我们的一切错误，但是曾经的那份伤害却会在他们心里留下一道阴影，不会自动消除。亲人，会原谅你的伤害，但是他们一样会受伤，需要你尽力去弥补。愿天下每一种爱，都不在恍惚中迷失，愿天下每一个人，不再因迷茫而施放冷言与恶行，与爱同行，弃绝对亲人无心的伤害。

锤炼自我的自省力
——学会自省才能升华，习惯自省才能超越

不要总是等到"事已至此，无力回天"的时候，才发出"早知现在，何必当初"的感叹。那些注定会后悔的事情，从一开始就应该尽力避免。亡羊补牢虽然可以让你减少损失，但绝对不是最佳的选择，事后补救远远不如当初就做对。

遇大事三思而行，要冒险而不要冒进

所谓冒险就是指不顾危险地进行某种活动，有人曾说大风险后面往往伴随着大利润，这话不假。一个人要想取得大的成功，除了需要脚踏实地的努力之外，有时候还需要一种冒险精神。然而很多人，却错误地认为，只要有勇气，敢担当，就是一种大无畏的冒险精神，但是那种不顾客观情况的可能，轻率急躁的行为，不是冒险，而是冒进。切不可将冒险和冒进混为一谈。

适当地超前可以称之为先进，但是任何事情都需要有个"度"，跨越了这个度，那就成冒进了。

有一个人问一个哲学家，什么叫冒险，什么叫冒进？哲学家说，比如有一个山洞，山洞里有一桶金子，你要进去把金子拿出来。假如那山洞是一个狼洞，你这是冒险；假如那山洞是一个老虎洞，你这就是冒进。这个人表示懂了。哲学家又说，假如那山洞里的只是一捆柴火，那么，即使那是一个狗洞，你也是冒进。这个故事告诉我们，冒险是这样一种东西，你经过努力，有可能得到，而且那东西值得你去付出。否则，你只是冒进，死了都不值得。

管理大师彼得·杜拉克曾说：在所有关于未来的概念中，一定会失败的就是那些"十拿九稳""零风险"和"绝对不会失败"的概念。看来，风险可以说是无处不在的。做任何事情、任何选择，都存在着一定的风险，因此要做好冒险的准备，真正的冒险家，事前都经过严谨的观察和思考。那种无知的冒险只能算是冒进，只不过是有勇无谋的表现。

年轻人，敢于冒险不是坏事，但是关键的是要善于冒险，遇到大事要三思而行，建立在深思熟虑与计划严谨基础上的冒险才是值得的。

听取"老人言"，事后你会发现这种忠告的可贵

常言道："不听老人言，吃亏在眼前。"这句老生常谈的话说明了听取老人之言的重要性。古往今来，因为不听老人言而遭受挫折的例子很多。

秦晋之战是古代一次重大战役。战前，秦穆公向秦国一个叫蹇叔的老人咨询。蹇叔说："劳师去袭击远方的国家恐怕不行。军队远征，士卒疲惫，敌国再有所准备，就很难取胜。我看还是不要去了。"秦穆公不听，决定出征。蹇叔哭着对主帅孟明说："孟明啊，我看到了军队出征，恐怕看不到班师回国了！"秦穆公听了非常生气，对蹇叔说："你知道什么，我看你早该死了。"然而战争的发展应验了蹇叔的话，晋军在肴击败了秦军。秦穆公很后悔当初没听蹇叔的话。

"不听老人言，吃亏在眼前。"在我们身边，那些因为听不惯父母的唠叨，而固执己见最终栽跟头的人也不在少数。

华子 28 岁，却已是经历过两次婚姻的女人。当初听信了 A 的花言巧语，不顾父母朋友的劝说，毅然和对方走进了婚姻的殿堂，只是最初对婚姻生活的幸福憧憬还没来得及成为现实，却发现 A 在外面有别人，每天晚上是不醉不归。夫妻两个常常为小事争吵，本应沉浸在幸福中的家庭，却处处弥漫着浓浓的火药味。很快，华子就发现老公在外面又有了一个女人，连家也懒得回了。华子一怒之下，将离婚协议书摔到了对方脸前，本以为 A 会顾及夫妻情分，稍加收敛，可 A 看都不看，就在上面签了字。

离婚之后，回到娘家的华子是悲痛万分，很后悔当初没有听爸爸妈妈的话，这么轻信了 A 的为人，在没有足够了解的情况下，就和对方定下终身。

经过婚姻失败打击的华子，郁郁寡欢了一阵子，好在还有一份体面的工作，忙碌和充实渐渐地冲淡了当初的伤痛和挫败，华子很快就恢复了曾经的阳光和灿烂。后来经朋友介绍和另一个男人结了婚。

一次由于工作的关系，她去外地出差，又在飞机上认识了一位彬彬有礼的男士 B。经过短暂的交谈，两个人很快成了无话不说的好朋友。B 是一个很会哄女人开心的人，总是时不时地给华子一些意外的惊喜。在遇到 B 之后，华子那颗不安分的心又开始躁动了，曾经黯淡的感情经历和平淡的婚姻生活让她几乎麻木了，然而 B 的到来却真实地唤醒了她对未来的渴望。那阵子，华子的心情特别地好。很快，她做出了一个令所有人都不可理解的大胆决定:和现在的老公离婚!这让知道消息的家人和朋友都震惊了，觉得她真是不可理喻。丈夫是那么优秀的一个男人，对她又好，为什么还想着挣脱?

或许，这连她自己都解释不清楚吧。但是她一直坚持认为，只有和 B 在一起，自己才会真正过得快乐。这次是在协商的情况下离的婚。

当她第一时间将这个消息告诉 B 的时候，原以为他也会和自己一样兴奋，没想到，电话那端却说:"华子，我想我们的关系也到此为止吧。""你在说什么，我离婚了，你难道不高兴吗?你不是说过，只要我离婚，你就娶我的吗?"华子简直不敢相信自己的耳朵大声地吼道。

后来华子才知道原来 B 竟然是有夫之妇，他之所以选择和华子"分手"，是因为他老婆知道了这件事情，为了不伤害到孩子，他才答应了妻子的条件，并且他们之间的感情还没有走到非离不可的地步。

苏格拉底说过:"人不能两次掉进同一条河流。"一个人如果犯错并不可怕，可怕的是在经历过刻骨铭心的伤痛之后却又重蹈覆辙。华子对待婚姻对待感情的态度太过轻率，或许是当初太年轻，还不懂太多。可是对父母的劝说，她全然不放在心上，她这种对待感情婚姻的态度并不是像有些人说的"天真",而是愚蠢。如果能多听父母一句劝,多一点对自己的反思,或许结果就不会是这样。

或许,当你面对"我走过的桥比你遇到的路都多"、"我吃过的盐比你吃过的饭都多"的时候,你会觉得反感,觉得不耐烦,这种抵触情绪是可以理解的。但是父母也是希望我们能少走弯路才这样唠叨的。或许,他们的观念和意见也并不全对,但总有值得借鉴的地方。

他们往往比我们更清楚地看到我们自己,了解我们自己。不要觉得自己已然长大就可以决定一切。对于老人的说教,年轻人总会以"都什么年代了"而嗤之以鼻,或者不屑一顾。但是不能否认,我们的父母、老师和长辈,他们因为有过各种各样的经历和经验而足以为我们的生活指点方向。对于他们语重心长的建议或苦口婆心的劝说你可以不去完全照办,但认真听一听也绝不会有什么损失。不要总等到终尝苦果的时候才悔恨不已。

如你是一个心浮气躁的人,那么就很难听进别人的意见,但是很多时候这些过来人的话对我们的行动都有着很有价值的参考意义。不要以自己年轻气盛就可置"老人的忠告"于不顾,听取"老人言",事后你会发现这种忠告的可贵。当然这个"老人"不能单单从年龄上限定。那些长辈,那些阅历、经验丰富的人,都是我们学习的榜样,只要能在你成长的道路上为你指点迷津,提供建议的人都可以尊之为"老人""前辈"。在成长的路上,如果能时时听到这些过来人的建议,那你无疑就是幸运的!

给年轻人的 8 个忠告

成功有成功的经验，失败有失败的教训。那些经历过的人，他们对工作和生活的感悟与总结总能或多或少地给我们一些有价值的提醒和建议。

忠告一：好好规划自己的路，感觉有时候是靠不住的。

根据个人的愿望和兴趣去安排你的工作生活。或许你根本就不具备成为什么院士、教授等知名学者的条件，但是你仍然可以想办法把自己的生活安排得更为惬意和轻松。只要选准一个行业，随着对该行业的逐步了解，你的愿望也会一点一点实现。

对于那些不安于本职工作的年轻人，总是寄希望于频繁地跳槽来改变目前的生活状态。有时候甚至为了眼前的一点利益不惜牺牲自己的兴趣和爱好。其实从长远看来，那些对你构成诱惑的物质，都是葬送你前途的诱饵。虽然很多人明白这个道理，但就是无法克制住自己。要好好规划一下自己的人生，想一想自己究竟要走一条什么样的道路，不能总是被感觉牵着鼻子走。动辄转换工作的人，不但很难有一个积累，对自己以后的人生道路也是没有任何好处的。

忠告二：精通技术是好事，但更应提高自己的综合素质。

人常说，技多不压身。这话不假。但是假若一门心思只想着钻研技术，这样只会增加自己的压力。技术是不断更新、不断向前发展的，而一个人的精力却是有限的。任何事情都应该适可而止，因为说到底，技术在你行走职场的路上不过是你今后前途的支柱之一。

或许在你的周围，也能看到这样的人，在大家眼中，什么都不懂，论技术要比你逊色,但是人家就是比你职位高,比你的工资高,比你更受老板青睐。要明白,每个人都有自己的优势所在,别人比你吃得开,这说明对方身上肯定有你不会或者比你做得更好的地方。

一个人要稳健地发展,就要避免做跛足的毛驴。就算自己不能成为某一方面的精英,但至少要提高自己的综合素质,培养自己多方面的能力。

忠告三:每个行业的人都有可能成为你的朋友。

不要觉得谁谁和自己不搭边,也不属于同一行业,就觉得没有共同语言,而拒绝和这样的人交往。其实,这是再愚蠢不过的想法和行为。

如果你是一个做工程的,于是你就整天和那些工程师交往,从而忽略了和其他类别的人交往。一旦有一天你成了他们的老板或高层管理者,那么你整日面对的就是这些人。了解他们的经历、思维习惯、爱好,学习他们处理问题的模式,了解社会各个角落的现象和问题,这是以后发展的巨大的本钱,没有这些以后就会笨手笨脚,跌跌撞撞,遇到重重困难,交不少学费,成功的概率大大降低!

忠告四:尽可能地扩大自己的知识面。

不要觉得以目前的知识水平完全可以应付当前的工作,别忘了,时代在发展,知识也在更新换代。并且知识的更新速度是很快的,在当时看来还游刃有余的你,在不久的未来,可能因为跟不上时代的发展而生生地被抛在了后面。

因此,尽可能地看看其他方面的书,为以后做一些积累。或许当时并不觉得怎么样,可是很快就会发现"书到用时方恨少"。学习是一辈子的事情。只有不断地学习,我们才能不断地进步。

忠告五:抓住有利时机做好转岗准备。

小金是技术方面的能手,也积累了几年的相关经验。最近正准备往技术管理和市场销售方向转变。他觉得这样做,以后的路会走得更为宽广、更有前途。搞管理可以培养自己的领导能力,搞销售可以培养自己的市场概念和思维,同时为自己以后发展积累庞大的人际!

看似是转行了,但是毕竟也是和之前的技术有关的,这样一来以前的那些

工夫不但没有白费,对于以后的管理或者销售工作也是一个促进。

忠告六:尽力克服自己的心理弱点和性格缺陷。

"金无足赤,人无完人",每个人身上都有这样那样的不足和缺陷,这是很正常的。有些小毛病、小不足对于整个人生的发展并无大碍,但是关键时候性格上的缺陷和心理上的弱点却极有可能成为你致命的毒药,令你一招毙命。

因此,年轻人要认识自己,明白自己的不足和缺陷,这样才能有针对性地去弥补和改正。

忠告七:要学会善于推销自己,该出手时便出手。

有实力的人不一定就有好的发展,这就像能干不一定就能会干一样的道理。

一个人有才学、有能力这很重要,但是一定要懂得推销自己,抓住有利时机,要创造条件让别人了解自己,不然老板怎么知道你能干?提早把自己推销出去,机会自然会来找你!

虽然说机遇只垂青于那些有准备的人,但是当机会来临的时候,你没有纵身一跃的魄力和勇气,即便你做了十二分的准备,也不可能得到最终的成功。

忠告八:不能只停留于想,更要勇于尝试。

对于很多20岁的年轻人来说,想做的总是太多,但是真正去做的却总是很少。有些人甚至还经常把"不是我不想做,而是我没有机会做"挂在嘴边,其实很多时候,不是没有机会,而是你自己没有真正地去尝试。

试想一下,平日里当你想做某件事情,想实施某个计划的时候,却总是被那些想象中的困难所吓倒,于是寻找各种借口,以致最终放弃。

其实,世界上就没有非常难的事情,只有不适合我们做的事情。在我们不知道自己适合做什么的时候,只能慢慢去尝试。虽然说很多时候别人能做成的我们未必能做成。如果我们连尝试都不做,那么肯定做不成。

远离破坏形象的坏习惯

"播种一个行动,你会收获一个习惯;播种一个习惯,你会收获一种个性;播种一种个性,你会收获一种命运。"而一个人以什么样的形象在别人面前展现,可以说是习惯造就的。良好形象的塑造离不开好习惯的养成。

坏习惯是阻碍生活变得充实完美的最大杀手。因此,改变你的坏习惯必须成为你生活的重中之重。一旦你纠正了坏习惯,那么你就为改善你的生活走出了极其重要的一步。我们非常有必要养成一个注重自己形象的习惯,让其为自己带来好运。

一个人的形象与成功有着很大的关系,形象除了我们首先想到的外在之外,还包括内在。当栽跟头的时候,回头看看,是不是我们在不经意间的一个坏习惯让我们遭遇了失败的打击?对于初涉职场的年轻人来说,看看自己身上有没有这么几种坏习惯:

1.时间观念弱,做事拖沓

有些年轻人对于自身工作能力过于自信或者是天生就是那种慢性子的人,因此在工作中就常会出现拖沓的现象。

小李在一家网络公司上班,平时说话做事给人的感觉是拖泥带水,一点都不干净利落,做任何事情都慢慢悠悠的。在上班时间喜欢打电话闲聊,还常常搬弄些八卦新闻。而对于上级交给她的任务一般都是在最后关头才开始做,常常无法按时完成。她这样的习惯不但影响了自身发展,还拖累了团队的业绩。

2.粗心大意,丢三落四

在生活中,马大哈的人并不怎么招人讨厌,因为这样的人给人留下的印象是不斤斤计较,心胸又比较开阔,但是若是在职场上,如果将马大哈演变成粗心大意,丢三落四终究会毁了自己的前程。

王蕾刚工作不久就被授予了"白骨精"的称号,她外表靓丽,口才百里挑一,上司更是看中了她的灵气而选中她当助理。可谁知道第一次陪经理出差就遭厄运,在慌乱中赶着上飞机时,王蕾到机场才发现忘记带机票,又打的回去取,上司的脸色别提多难看了。好不容易赶上了飞机,经理想趁着坐飞机的空闲时间看看她准备的打印资料,她又发现资料没有带,上司怒火万丈。出差归来后,王蕾就被直接打入冷宫,待遇直降三级。

一个人如果总是大错不犯、小错不断的话,会降低别人对你的信任程度,上司会怀疑你对工作无兴趣、做事无条理。这样的人缺乏自我的系统性管理能力,很有可能因为不慎丢失了重要的工作文件,或者是弄错了客户资料,从而导致失去晋升和加薪的好机会。

3.酷爱八卦,热衷传播流言

有这种习惯的人,对于人际关系的处理相当草率,还常常忽略团队合作,说话不负责任。

徐晓茜是一家大型企业老板的秘书,做事向来得到老板的夸赞。当年金融危机时,老板有裁员的意向,向徐晓茜私下了解了办公室内员工的表现。事后,徐晓茜把她觉得老板有意向炒鱿鱼的人选透露给了她圈子里的人,还让她们多加保密。但是,这个消息几天后就在公司里闹得沸沸扬扬,除了被添油加醋之外,还演变成了公司面临倒闭危机,要大规模裁员等八卦流言。老板盛怒之下,将徐晓茜解雇了。

这种散步小道消息的行为实在可耻,要明白职场人人自危,每个人的言行都会被放大,肆无忌惮地充当消息灵通人士,不如沉默埋头做事。

4.为彰显自己,喜欢着奇装异服

有的年轻人为了表现自己,常常穿一些奇装异服,觉得这样做就是有个性的表现。殊不知,这种习惯运用不当会给自己招来很多麻烦。

每个公司有每个公司的企业文化,如果穿着打扮和公司文化不合,不仅仅是一件尴尬的事情,自己的形象也会大打折扣,以致无法正常地开展工作。

小赵毕业后进入一家国企工作,办公室里的工作人员都一律穿着深色的制服,而小赵还是特立独行穿着她的迷彩裤和肚脐衫上班,招致同事们的窃窃私语和耻笑。直到有一次,她奉命陪同经理参加一个国际型会议。那天,她一大早又着暴露服装到公司,才发现会场上所有人都身着正装。在给老总递文件时,小赵的着装引得其他公司人侧目。公司形象大打折扣。小赵被老总扣发当月奖金,并受到严厉批评。

企业文化在每个公司都是一个默认的标识,尤其是新员工,一定要在入职后的一段时间内了解公司的文化风格和做事习惯,否则你会成为大家嘲笑的靶子。

5.单纯追求生活品质,每天准时下班

注重生活品质不是坏事,但要想更好地生活,就得更好地工作。加班是每个人都不愿意面对的,但是每一行有每一行的规矩,每个公司也都有属于自己特色的企业文化。尤其是刚入职的新员工,多关注公司的企业文化、工作氛围和习惯是关键。

小马在传媒公司上班,加班是常有的事。刚上班的时候,他是严格按照每天规定的五点下班时间走的,根本不知道同事们每天都加班到七八点。每天5点一过,他就开始撒。月考核下来,小马完成的工作量最低,考核也不及格。小马很奇怪,大家都是什么时间里做了那么多的工作的?直到上司找他谈话,他才明白。媒体这个特殊的行业,就是愈逢重大节日愈忙。别人都在热火朝天地忙,你朝九晚五地上下班,自然会引来公愤。

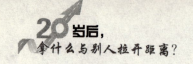
6.推卸责任，不敢担当

犯错不要紧，关键是对待错误的态度。每次犯错，小乔总是把"这个不是我的问题"挂在嘴上，反复强调这个任务的完成是多么的困难，为自己寻找推脱借口。每个人在工作中都可能有失误，当工作中出现问题时，应该立刻向上司说明原因并勇于承担责任，想办法解决问题。这样才可以博得同事们的谅解和尊敬，赢得上司的体谅。

那种遇到困难就想着躲开、推卸的人，不但会丧失职场威信，前途更是堪忧，试想一个不敢担当的人还能做成什么大事？

7.自命清高，独来独往

一个人喜欢独处不是坏事，但是如果在职场上给人的印象总是一个人在那儿独断专行，常常独来独往，那么就会被人认为是不合群，甚至会被怀疑你的团队合作精神。

Alan是一家外企公司的职员。同事们每次完成大项目，都会庆祝一番。每次活动时，Alan都婉言拒绝参加，因为她不是周末要和男友度过，就是要自行加班。同事觉得Alan每次的拒绝都是有意在疏远，而且觉得她过于清高，不合群。几次之后同事们组织活动，都不邀请Alan参加了。Alan在同事中间也落了个"独行侠"的大名。

喜欢独来独往的最大危害还体现在对工作开展上的杀伤力。这样下去会让自己失去团队支持、没有拥护者、没有职场搭档。那个时候，你该会有多孤单？

"性格决定命运，习惯决定行为"，好的习惯将会影响一个人的一生。对于一位初入社会的年轻人来说，好的习惯将可以为自己营造良好的成长环境，也更容易被其他同事接纳快速融入团队，希望这样一些内容能够对我们刚刚走出校园走向社会的年轻人有一些启发。

可以做错事，但别做错人

每个人都有犯错误的时候，做错事情并不可怕，只要知错能改，则善莫大焉。做错事可以求得谅解，做错人却无法让人释怀。犯错，总有改正的机会，但是一个人若是站错了立场，做错了人，那就是很难被人原谅。

我们可以犯做事的错误，但绝对不能犯做人的错误。犯做错事的错误会因为我们做人没错而得到谅解，若是因为做人的错误，别人可能要永远抛弃我们。做企业也是一样的道理，学会了做人，才有可能在这个行业里有所作为。

做人如经商，也是一种经营。经商是做产品的品牌，产品有了品牌，不但能卖个好价钱，还能受到大众的欢迎。做人是在做我们个人的品牌，如果能使自己的品牌让别人信任，那么我们的人生就成功了。无德者和有德者都可以经商，目的也都是为了赚钱，但是他们经商的意图和经商的手法绝对是不一样的，其结果也不一样。无德者经商，他们会把顾客当成傻子，唯有自己最聪明最懂行。他们不是经商，而是打着经商的幌子去骗钱，甚至是去抢钱，眼睛里盯着的是钱，心里时时打算盘，浑身都散发着铜臭味。

顾客对这种人，也会吃他的亏上他的当，也会让他赚到一些钱。但是，无德者永远也不会明白，他的财富是来自他的顾客，唯有顾客存在的时候，他才会财源滚滚。可是，他却以为顾客是傻子，会不断地给他送钱来。然而，只有真正的傻子才以为世界上自己最聪明。无德者经商，经营的是他的账，想的是自己怎么做才会最划算，不肯当一回傻子，不肯吃一回亏，哪怕是蝇头小利。他碗里的水不能往外洒，他的耙子只能往里耙。以赚一把是一把的心态，把作为商人

无价的东西拿去典当和拍卖，统统套现，然后攥得死死的，怕自己最亲近的人偷取。

欺骗顾客一次，就等于抽自己一次血，剁自己双脚一次。本来很宽阔的经商之路，在无德者的脚下却越来越窄，最后自己只能走进死胡同。由于自己的血已经抽干，双脚已经失去，只能在死胡同把自己埋葬。无德者做生意是越做越穷，直到把自己做死。有德者经商，他们会把顾客当上帝，当作自己的衣食父母，上帝和衣食父母是无论如何都不能欺骗的。他们经商也是为了赚钱，但他们希望他们的钱是顾客心甘情愿地送到自己的腰包里，这样他们自己拿着也舒服。他们认为顾客的利益是第一位的，只有维护顾客的利益，自己才有利益可言。

顾客对这种人，是心怀感恩的心来消费的，以接受他们的服务为自己最大的快乐。顾客也会把他们的这种快乐告诉自己的亲戚朋友同事邻居，让他们也来分享这种快乐。有德者永远都会清醒地知道，他银行账户上的数字是他的顾客一笔一笔地写上去的，唯有顾客存在的时候，他账户上的数字才会不断地增加。为了这个，他宁可成为傻子。傻的可爱，傻的可敬。然而，只有甘愿做傻子的人才是世界上最智慧的人。

有德者经商，经营的是他的人品。他知道，连人都做不好的人，是什么也做不成的，更不用说经商了。他也知道舍与得的关系，只有能舍，才能得，付出和收获是他的手心和手背。他用自己的尊重换取顾客的信任，他用自己的信誉赢得顾客的支持，把自己看作鱼，把顾客看作水。鱼的生命和生存都离不开水，这是有德者经商的第一要义。尊重顾客一次，就等于往自己的小舟之中注了一次水，给自己升一寸帆。本来狭窄多礁的经商航道，在有德者付出之后，就会一帆风顺，使自己的小舟变成大船，出江入海驶进大洋，最后把自己的大船变成超级航母，无论境遇如何，都能乘风破浪。我们作为普通人，承受着生活上的种种压力，往往在舍与得上很难取舍。我们能看到的仅仅是既得利益，被既得利益遮住了眼睛，看不到自己前方的路。为了得到一点点小的利益,而抛弃了一条让我们成功的路。有路就有我们追求的一切。路在,一切就在,哪怕你是暂时的一无所有。也只有敢于让自己一无所有的人,才可能去驾驭一切。

一个人怎样做人,他就会怎样去做企业。也即是先做人后做事,做企业首先要会做人。

阿里巴巴首席执行官马云认为,做企业也好,做员工也好,都应该学会做人。对此,他曾经有一番精辟的论断:"阿里巴巴把 80% 的 MBA 开除了,要么送回去继续学习,要么到别的公司去。我告诉他们应先学会做人,什么时候你忘了书本上的东西再回来吧,不要认为你是 MBA 就可以管理人,就可以说三道四。所有的 MBA 进入我们公司以后先从销售做起,6 个月之后还能活下来,我们团队就欢迎你。我想给他们多点时间,沉得低才能跳得更远。"

青春宝集团董事长冯根生在胡庆余堂当学徒的时候,就认识到规规矩矩做人是很重要的。他说起一件奇怪的事:"我在扫地的时候,经常捡到钱。捡到钱,我就放在抽屉里。

"我捡到的钱,相当于现在的 20 块、30 块钱,我就放在抽屉里,第二天一早交给师傅。大概一年多以后,好像就没有了。十几年以后,我师傅 80 岁,快去世的时候,我去看他,最后一次去看他,那时候已经是 1960 年了。我的师傅把我叫到床边,他说根生啊,你还记得吗?今天我该告诉你。我说什么事,他说你在当学徒的时候,扫地时捡到钱,你都交给我了,今天我告诉你,这是老板要考你,一共试了你 15 次,你每次都交。15 次以后,老板就说了,这个小孩是诚实的,他捡来的钱都不要,还会去偷吗?

"这时,我才知道原来是这么在考我。我 14 岁的时候,我祖母 70 岁了,当我离开祖母身边,去当学徒的时候,路上我祖母告诉我一句话,一定要规规矩矩做人、认认真真工作。规规矩矩做人,老板给你的钱你拿,老板不给你的钱,你一分钱都不能去碰它,现在这句话叫廉政。认认真真工作,就是勤劳,现在是对干部的要求,廉政勤劳就是好干部。旧社会教育的语言不同,性质一模一样。

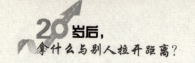

因此，我记住了，给我的钱我要，不给我的钱我从来不会去拿，一分钱都不要，这培养了我做人的道理。"

职场最看重的也是"先做人后做事"。职场如战场，面对激烈竞争，经常会前进缓慢或者举步维艰，职场打拼，要想顺风顺水，拼的不只是能力、学历、资历，更是一个如何做人的问题。"先做人，后做事"成了职场成功者最推崇的成事法则，也获得了职场人的广泛认同。人人都看重人品，因为这是做人的基础，有了这个基础，做事就不会偏离太远。

一个人自出生起，无外乎两件事：一件是做人，一件是做事。只有弄明白了做人的道理，才能更好地去做事。可是有的人终其一生，却都没弄清楚或者没有认识到做人的重要性，而在错误的泥潭中愈陷愈深。因此年轻人，一定要时刻告诫自己，可以做错事，但绝对不能做错人。

善于用全面的、发展的眼光看问题

无论处于什么境遇中，都要学会转换视角全面看问题。很多时候，即便你遭遇不顺，只要能换换角度，结果就会大不一样，问题也就好办多了。

塞翁失马的故事，是我们大家所熟悉的，也是辩证地看待得失祸福的代表。

边境一带住了一位老翁。有一天，老翁家里养的一匹马无缘无故走失了。在塞外，马是负重的主要工具，所以，邻居都来安慰他，这位老翁却很不在乎地说："这件事未必不是福气！"

过了几个月，走失的那匹马居然带了一匹胡人的骏马回家，邻居都来庆贺。这位老翁却说："这未必不是祸！"

几个月后，老翁的儿子骑这匹胡马摔断了大腿骨，邻居们佩服老翁的料事如神之余也赶来慰问，而这位老翁却毫不在意地说："这倒未必不是福！"

过了一年，胡人大举入侵边境一带，壮年男子都拿起弓箭去作战。靠近边境一带的人，绝大部分都死了。唯独这个人因为腿瘸的缘故免于征战，父子得以保全生命。

对任何人、任何事都不能过早地下结论，我们可以相信我们的眼睛，但是也要明白眼见不一定为实，因为眼睛本身也有局限性，往往只能看到外表，而无法探究其本质或者内涵。正因为如此，才会犯下以偏概全的错误。

有一位老人，讲过一个发生在自己身上的故事。

"我年轻的时候，自以为了不起，那时我打算写本书，为了在书中加进点'地方色彩'，就利用假期出去寻找。我要在那些穷困潦倒、懒懒散散混日子的人们中找一个主人公，我相信在那儿可以找到这种人。

"有一天我找到了这么个地方，那儿是一个荒凉破落的庄园，最令人激动的是，我想象中的那种懒散混日子的味儿也找到了——一个满脸胡须的老人，穿着一件褐色的工作服，坐在一把椅子上为一块马铃薯地锄草，在他的身后是一间没有油漆的小木棚。

"我转身回家，恨不得立刻就坐在打字机前。而当我绕过木棚在泥泞的路上拐弯时，又从另一个角度朝老人望了一眼，这时我下意识地突然停住了脚步。原来，从这一边看过去，我发现老人椅边靠着一副残疾人的拐杖，有一条裤腿空荡荡地直垂到地面上，顿时，那位刚才我还认为是好吃懒做混日子的人物，一下子成了一个百折不挠的英雄形象了。

"从那以后，我再也不敢对一个只见过一面或聊上几句的人，轻易下判断和做结论了。感谢上帝让我回头又看了一眼。"

生活中如此，工作上也一样，只要好好干，是金子总会发光的。可是，当我们面对生活的挫折和不平坦的路程的时候，我们却常常贬低自身，会因为

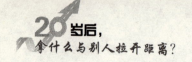
一时的不如意而否定所有的努力，甚至会因为一小片乌云而失去了等待太阳的信心。

张林原来在某公司的营销部当经理。一天，他突然接到人事部门的调令，调他去供应部当经理。在公司，供应部的地位哪里比得上营销部呢?张林心想如此一调，不就是明摆着对自己不满意吗，看来前途不妙。以前张林从事销售工作，整天往外跑，很合乎他的个性，如今，要他整天待在办公室里搞物资调动，和那些器材报表打交道，实在是有些受不了。

开始的时候，张林一直闷闷不乐，心灰意冷。后来他自己忽然想到一个问题：为什么我以前对自己信心十足，当上了供应部经理后就没有了呢?他思之再三，突然醒悟过来："这是因为我自己的期待值无形中随着部门的调动而降低了，我失去了自我上进的动力。"

于是，他开始把精力投入新的工作，慢慢地发现供应部也有自己的用武之地。而且，供应部对整个公司来说，起着举足轻重的作用，只是大家平时把它忽略了而已。张林重新找到了"工作的意义"，一改以往消极拖沓的作风，变得充满自信，工作起来如鱼得水，得心应手。他的积极态度也感染了下属。

由于他出色的工作成绩，供应部获得总公司颁发的两次特别奖金。不久，张林收到一张人事调令，他被提升为公司的副总经理。

在生活中，我们应该保持一种适应环境、改造环境的积极心态，而不要一味地在自己的消极意志中沉寂下去。当然，有些时候我们不可能完全如意地挑选那些又重要又体面的工作，很可能要被动地接受一些工作安排。这时候要心中清楚：不要让自己降低标准去适应工作，而应按自己的才华提升工作标准，不要干削足适履的傻事。

要学会用辩证的眼光看问题，这样才能避免偏见。就像在一张白纸上画一个小黑点，人们常常只会注意到黑点而忽略了整张的空白，一定要对这种以偏概全的毛病引以为戒。当人们以偏概全评价自己的时候，我们会不高兴，觉得不公平，可是，轮到自己评价别人的时候，却常常犯了以偏概全的毛病，却从来不反省一下自己。

　　看问题要全面,对人对事就能少些偏激,多些宽容和体谅。善于用辩证的眼光看问题,就能把握事物的转化规律,从而游刃有余地工作生活,就不会受环境的摆布,多些从容和淡定。